T0208238

Hollywood im Weltall

Thomas Eversberg

Hollywood im Weltall

Waren wir wirklich auf dem Mond?

ISBN 978-3-8274-3021-2 ISBN 978-3-8274-3022-9 (eBook)
DOI 10.1007/978-3-8274-3022-9

Die Deutsche Nationalbibliothek verzeichnet diese Publikation in der Deutschen
Nationalbibliografie; detaillierte bibliografische Daten sind im Internet über
http://dnb.d-nb.de abrufbar.

Springer Spektrum
© Springer-Verlag Berlin Heidelberg 2013

Planung und Lektorat: Vera Spillner, Martina Mechler
Redaktion: Peter Wittmann
Einbandentwurf: wsp design Werbeagentur GmbH, Heidelberg

Gedruckt auf säurefreiem und chlorfrei gebleichtem Papier

Springer Spektrum ist eine Marke von Springer DE. Springer DE ist Teil der
Fachverlagsgruppe Springer Science+Business Media.
www.springer-spektrum.de

Für Johannes

Inhalt

Geleitwort

20. Juli 1969: Die ersten Menschen landen auf dem Mond. So haben es die Älteren unter uns live miterlebt und die Jüngeren aus den Geschichtsbüchern gelernt. Ein historisches Ereignis. Ein großer Sprung für die Menschheit. Oder doch nicht? War das, was damals über Millionen Fernsehgeräte flimmerte, vielleicht nur eine Inszenierung, ein Hollywood im Weltall? Hartnäckig halten sich Gerüchte, die US-amerikanische Luft- und Raumfahrtbehörde NASA habe die Menschheit an der Nase herumgeführt und die bis dahin gewaltigste technologische Errungenschaft nur vorgegaukelt. In den 1970er Jahren wurde diese Mondlandungslüge in die Welt gesetzt. Und im heutigen Internet-Zeitalter, in dem jedermann nicht nur Medien konsumiert, sondern selbst als Verfasser und Multiplikator von Informationen auftreten kann, breitet sie sich ungehindert aus. Auch andere Verschwörungstheorien feiern im weltweiten Netz fröhliche Urständ.

Geschehnisse, Behauptungen und vermeintliche Fakten anzuzweifeln und zu hinterfragen, gehört eigentlich zu den positiven Merkmalen unserer Kultur – und ist unabdingbare Voraussetzung, um Zusammenhänge zu begreifen, Dinge richtig einzuordnen und Wissen zu vermehren. Aber wo ist die Grenze zwischen gesundem Menschenverstand und wissenschaftlichem Denken einerseits und Unverständnis, Verirrung, ja ideologischer Verblendung andererseits? Was sind wir bereit, als wahr anzuerkennen, und was bleibt unverträglich mit unserem Weltbild?

Thomas Eversberg, promovierter Astrophysiker und im Raumfahrtmanagement tätig, setzt sich in „Hollywood im Weltall" mit den Argumenten derjenigen auseinander, die die Flüge zum Mond anzweifeln. Indem er diese Argumente ernst nimmt und ihnen mit solider Logik entgegentritt, wird seine Analyse zu einem Lehrstück der besonderen Art. Mit messerscharfer Klarheit wendet er ein Instrument an, das in der Wissenschaftsphilosophie als Occams Rasiermesser bekannt ist: Demnach ist von den Hypothesen, die ein Phänomen beschreiben, stets diejenige vorzuziehen, die mit den wenigsten freien Annahmen auskommt; alle, die unnötig viele Parameter benötigen, sind als zu komplex auszusondern (in bildhafter Sprache: mit dem Rasiermesser abzuschneiden).

Es ist diese konsequente Anwendung eines Prinzips, das zur Grundlage wissenschaftlichen Arbeitens und rationalen Denkens gehört, was Eversbergs Analyse weit über das eigentliche Thema hinaus bedeutend werden lässt. Der

Autor zeigt nicht nur, was an den Argumenten der Mondlandungszweifler falsch ist – er demonstriert ganz allgemein, wie sich seriöse Argumente von Fantastereien unterscheiden lassen. Jeder, der dieses Buch liest, wird sich anschließend leichter in der Informationsflut der heutigen Medien orientieren können. Und er läuft weniger Gefahr, auf die Fallstricke irgendwelcher Blender hereinzufallen.

Dr. Uwe Reichert   Chefredakteur der Zeitschrift „Sterne und Weltraum"

Danksagung

Wer hätte gedacht, dass aus einem raumfahrtbegeisterten Jungen einmal ein Astrophysiker wird, der sich 40 Jahre später wieder mit der Mondlandung beschäftigt? In diesem Sinne erinnere ich mich an meine Großmutter Ruth Wendland, die mit ihrer sensiblen Aufmerksamkeit meine Interessen gefördert hat, sowie an meinen Vater Karl-Werner Eversberg. Er und meine Mutter Karin Eversberg, der ich hiermit herzlich danke, haben meiner Neugierde und Begeisterung freien Lauf gelassen und sie offenbar hinreichend gefüttert. Viele Freunde haben mich zu meinen Vorträgen über die Mondlandungen motiviert und ganz wesentlich zu verschiedenen Fragen und Überlegungen in diesem Buch beigetragen. Ganz besonders waren das einige Menschen, die ich stellvertretend nennen möchte. Viele Gespräche mit Andreas Boeckh über Wissenschafts- und Mondfragen, ob zu Hause oder im schwedischen Gebirge, waren die Quelle einiger meiner Ansätze. Sollte er sich entgegen meiner Vermutung je über diesen kosmischen Kram gelangweilt haben, so hatte er es freundlicherweise nie gezeigt. Norbert Reinecke gebührt meine Anerkennung und Respekt für seine kritischen Fragen und Anmerkungen zu meinen Aktivitäten als Astronom und seinen Beistand in kritischen Zeiten. Klaus Vollmann danke ich für unsere gemeinsamen wissenschaftlichen Diskussionen, seine wissenschaftlichen Genauigkeiten und den jahrelangen Arbeiten an unserem Observatorium, gerade weil diese oft ermüdend und nicht immer die reine Freude sind. Anke Gödersmann und Dieter Schaade danke ich für die anregenden Gespräche, während wir uns jahrelang gegenseitig Köstlichkeiten serviert haben. Meinem Onkel Abdelali Aouati danke ich für die dauerhafte Motivation und seinen beispiellosen Optimismus. Martina Mechler vom Verlag Springer Spektrum danke ich für ihre freundliche Hilfe bei der Bucherstellung. Besonders gilt dies für meine Lektorin Vera Spillner, die mit ihren professionell-kritischen Fragen und sorgsamen Anregungen dieses Buch wesentlich bereichert hat. Zum Schluss bedanke ich mich bei meiner Lebensgefährtin Britta Schlörscheidt für ihre Zuneigung und endlose Geduld, die sie immer wieder aufbringt, wenn ich in Logikfragen und Sternwinden versinke oder gerade wieder auf dem Mond bin.

Thomas Eversberg   Juli 2012

Abb. 1: Die Saturn-V-Mondrakete mit *Apollo 11* auf dem Weg zum Mond. Diese leistungsstärkste Maschine, die je gebaut wurde, wog mit ihren fast 111 Metern Höhe knapp 3000 Tonnen und entwickelte einen Schub von fast 3500 Tonnen, also etwa 160 Millionen PS. Foto: NASA. Nr.: AP11-KSC-69PC-442.

1

Prolog – Die Lüge vom Mond

Vor einigen Jahren fragten mich mehrere Freunde, ob ich eigentlich an die Mondlandungen der Amerikaner in den 60er- und 70er-Jahren des letzten Jahrhunderts glauben würde. Über diese Frage war ich nicht wenig überrascht, habe ich die Mondlandungen doch als Kind mitverfolgt und in der Schule begeistert Raketen gemalt. Wir Kinder kannten die Namen unserer Helden auswendig und stritten über die Frage, wer der beste Astronaut sei. Aus irgendwelchen Gründen fand ich Jim Lovell von Apollo 8 gut, aber Frank Borman war auch nicht schlecht. Hoch im Kurs stand mein Apollo-Quartett, und um meine Begeisterung sinnvoll zu füttern, schenkte mir meine Oma einen dicken Bildband über den Weg zur Mondlandung, den ich förmlich verschlang. Die Mondlandungen sind Teil meiner Kindheit und sie waren der Grund für meine Leidenschaft für das Weltall und für mein technisches und wissenschaftliches Interesse. Diese Missionen waren letztlich der Grund, warum ich Astronom geworden bin und heute im Raumfahrtmanagement arbeite. Und nun diese Frage!

Ich hatte natürlich mitbekommen, dass seit einiger Zeit in den Medien, vor allem im Internet, massive Zweifel an der Realität der Mondlandungen angemeldet wurden. Anhand irritierender Fotos wurde behauptet, der Mensch sei in Wirklichkeit nie auf dem Mond gewesen, die ganzen Berichte, Filme und Ergebnisse seien ein einziger Betrug an der Welt. Ich hatte das nur am Rande wahrgenommen und dem bisher keine weitere Aufmerksamkeit geschenkt.

Doch nun kamen meine Freunde mit dieser Frage, intelligente Menschen, die durchaus in der Lage sind, seriöse Argumente von Phantastereien zu unterscheiden. Sie waren bei verschiedenen Behauptungen der sogenannten Mondlandungsgegner verunsichert, ob nicht doch etwas dran ist an deren Thesen. So finden sich in den im Internet frei zugänglichen Bilddatenbanken

Abb. 1.1: Die Erde geht auf. Foto: NASA/E. Cernan. Nr.: AS17-152-23274.

der NASA[1] z. B. Aufnahmen, bei denen mit den Schatten etwas nicht stimmt. Sie verlaufen nicht parallel, obwohl die Sonne in sehr großer Distanz doch angeblich die einzige Lichtquelle sein sollte! Verunsichert schaute ich mir einige andere Argumente an. Und tatsächlich, bei weiteren Bildern stimmte etwas nicht, sie waren verwirrend und scheinbar widersprüchlich. Mein Interesse war geweckt.

Grundsätzlich sind mir kritische Menschen, die Behauptungen hinterfragen und nicht alles blind übernehmen, immer sympathisch. Weil das so ist und weil ich unklaren Sachverhalten durchaus gern auf den Grund gehe, war es mir daher nicht mehr möglich, die Behauptungen der Zweifler weiter zu

---

[1]   Eine umfassende Quelle für Bild- und Filmdokumente ist das NASA History Office (http://history.nasa.gov) sowie das Apollo Archive von Kipp Teague (http://www.apolloarchive.com).

ignorieren. Das wäre weder mir noch meinen verunsicherten Freunden gerecht geworden, zumal ich als analytisch-nüchterner Mensch gelte, der eine umfangreiche naturwissenschaftliche Ausbildung genossen hat. Man muss sich ja auch die Ungeheuerlichkeit der Mondlandung vor Augen halten. Der Mensch hatte darauf hingearbeitet, seinen Heimatplaneten zu verlassen, ein Unterfangen, welches eine Zäsur in der Menschheitsgeschichte darstellt und von vielen als ein Jahrtausendereignis angesehen wird. Dies umso mehr, da bei diesem Projekt erhebliche Risiken für die Astronauten eingegangen wurden. Gerade einmal 50 Jahre zuvor hatte der Mensch begonnen, sich mit Fluggeräten in die Luft zu erheben, und die Raketentechnik war nicht einmal 20 Jahre alt, als die Amerikaner beschlossen, zum Mond zu fliegen. Und da die nötigen Technologien nicht einmal im Ansatz vorlagen, war die Vorstellung, diesen spektakulären Schritt innerhalb von zehn Jahren zu machen, schlicht unvorstellbar. Ja, sie war absurd! War etwa alles gelogen?

Im Jahr 2009 erregte dann die Nachricht meine Aufmerksamkeit, dass die NASA seit rund drei Jahren ihre Original-Aufnahmen von der ersten Mondlandung nicht mehr finden kann. Ich hatte das spontan als Panikmache von uninformierten Kreisen eingeordnet, war dann jedoch nicht wenig irritiert, als sich die Meldung als Wahrheit herausstellte. Auch nach intensiver Suche seien die rund 45 Magnetbänder nicht wieder aufgetaucht. Jeder vernünftige Mensch fragt sich doch unwillkürlich, wie so etwas bitteschön geschehen kann!

Es ist also durchaus nachvollziehbar, dass kritische Geister der ganzen Sache nicht trauen. Egal ob in der Politik oder in der Wirtschaft – die Lüge war und ist ja Teil jeder gesellschaftlichen Kultur. Wir werden belogen, um in Kriege zu ziehen oder um uns das Geld aus der Tasche zu ziehen. Danach ist das Geschrei groß, nur um uns wenige Jahre später wieder hereinlegen zu lassen. Erinnerung ist eben flüchtig. Selbst Psychologen meinen, dass die Lüge ein Bestandteil des menschlichen Geistes ist und er nur so seinen Alltag bewältigen kann. Insofern liegen Skepsis und genauere Betrachtungen zu einem kaum vorstellbaren Ereignis absolut nahe. Eine kritische Aufmerksamkeit und Prüfung von vorgelegten Fakten empfehlen sich auf jeden Fall – als Physiker bin ich nichts anderes gewohnt. Im Alltag hilft das sehr, auch wenn man nicht für jedes Thema Experte sein muss. Da ich mich seit rund 40 Jahren mit der Raumfahrt beschäftige, bin ich zum Thema Mondlandungslüge aber die erste Adresse bei meinen Freunden. Nach und nach entdeckte ich die unerwarteten Fallstricke und die Komplexität dieser Fragen. Sie endeten in einer genauen Prüfung des Für und Widers der Mondlandung, wobei mein Vorgehensweise dabei rein analytisch ist und auf Logik basiert. Jetzt wird mancher denken, Logik ist eine Wissenschaft für sich und er ist hier kein Experte. Ich möchte aber betonen, dass Logik nicht von der Wissenschaft gepachtet oder gar erfunden wurde, jeder Menschen denkt und handelt im täglichen Leben mehr oder weniger logisch. Nur so kann er sein Leben vernünftig gestalten. Der Alltagsspruch „Ist doch logisch!" trifft die Sache ganz genau. Auch alltägliche Zusammenhänge, ob in der Sache oder bei Handlungen, sind nachvollziehbar, also logisch (der Wissenschaftler sagt „kausal") miteinander verknüpft. Das lernen wir schon als Kinder. Halte ich meinen Finger ins Feuer, so verbrenne ich mich – ist doch logisch.

Ich habe also begonnen, mir verschiedene Punkte genau anzuschauen, die als Beleg dafür dienen sollen, dass die gesamte Menschheit hinters Licht geführt wurde und diese ganze Geschichte von vorne bis hinten erlogen ist. Damals konnte ich noch nicht ahnen, dass ich mir damit einige Arbeit eingehandelt hatte, denn zwischen einer Ad-hoc-Behauptung und der Mühe, diese Behauptung als wahr oder unwahr zu erklären und dies inhaltlich auch noch möglichst einfach darzustellen, besteht eine ziemliche Diskrepanz. Außerdem ist es nicht damit getan, die einzelnen Kritikpunkte zu untersuchen, man muss sich darüber hinaus ebenso mit der Frage nach der Natur eines Beweises auseinandersetzen sowie mit dem geschichtlichen Hintergrund, denn wir reden ja von einem singulären Ereignis in der Vergangenheit. Außerdem ist es durchaus interessant zu wissen, wer als Erster auf die Frage nach der Echtheit der Mondlandung gekommen ist, und ob wir vielleicht noch einmal (oder vielleicht das erste Mal) in der Zukunft zum Mond fliegen werden. Und weil ich selbst an der Zukunft der Raumfahrt interessiert bin, habe ich auch dazu ein paar Gedanken niedergeschrieben – das Ergebnis ist dieses Buch.

Um Ihnen all die Materialien nahe zu bringen, die ich für dieses Buch gesichtet habe, können Sie die originalen Text- und Filmdokumente, die auf vielen Seiten im Internet zur Verfügung stehen, mit Hilfe von QR-Codes und Ihrem Smartphone abrufen, oder einfach im Netz besuchen.

Buchtrailer.
http://www.youtube.com/moonchecker.
Wordpress: http://mondlandung.wordpress.com.

2

Russen, Raketen und Wahlkampf

Als ich 1969 als achtjähriger Junge zum ersten Mal mitten in der Nacht fernsehen durfte, um die erste Mondlandung live zu verfolgen, war ich noch völlig ahnungslos, welchem besonderen Ereignis ich als Zuschauer beiwohnte. Man kann sich heute schwer vorstellen, was in den Medien zu dieser Zeit los war. Berichte von neuen Raketenstarts und Raumfahrtmissionen waren noch besondere Ereignisse und sie wurden von einer breiten Öffentlichkeit verfolgt. Sie wurden live im Fernsehen gesendet und fesselten die Menschen genauso wie mich selbst. Die „Eroberung des Weltraums" war nun schon rund zehn Jahre im Gange und es war ziemlich sicher, dass die Olympischen Spiele im Jahr 2000 auf dem Mond stattfinden würden. Wir stritten uns, wie neue Rekorde angesichts verminderter Schwerkraft bewertet werden sollten (man stelle sich einen Speerwurf von 500 Metern vor), und Astronaut zu werden, war DER Traum aller Jungen[2]. Jedenfalls war völlig klar, dass sich neue Welten eröffneten – der Film *2001 – Odyssee im Weltraum* spiegelt diese Einstellung sehr gut wider. Den meisten erwachsenen Menschen, nicht nur in unserer Stadt, war das Ereignis soviel Aufwand wert, dass sie um drei Uhr an einem Montagmorgen (!) ihre Nachtruhe unterbrachen, um zu sehen, was da auf unserem Trabanten vor sich ging. Die meisten Fenster in unserer Nachbarschaft waren erleuchtet. Diese Begeisterung erfasste einen beträchtlichen Teil aller Erdenbewohner, doch auf dem amerikanischen Kontinent konnte man sich über die NASA besonders freuen. Sie hatte die Landungszeit so eingerichtet, dass diese zwischen der Mittags- und Nachmittagszeit des 20. Juli stattfand, je nachdem, wo man dort lebte. Und die ersten Schritte auf dem Mond konnten zur besten Fernseh- und Werbezeit (*The Moonlanding – Brought to you by Kellogs!*) zwischen 18 und 21 Uhr verfolgt werden. Für alle anderen Bewohner des Planeten bedeutete dies mehr oder weniger starke Unannehmlichkeiten, abhängig vom Längengrad, auf dem sie ihrem täglichen

---

[2] Bis dahin war nur die Russin Valentina Tereschlowa ins All geflogen, und auch das war eine reine PR-Veranstaltung.

Leben nachgingen. Das waren immerhin rund 500 Millionen Menschen, zu einer Zeit, als es im deutschen Fernsehen gerade mal zwei Programme gab und die Medien auch nicht annähernd so verbreitet waren wie heute. Am schlimmsten traf es natürlich die Mehrheit aller Erdenbürger, die so arm waren, dass sie keine Zeit für den Luxus hatten, etwas zu verfolgen, das ihr Leben keinen Deut besser macht[3].

Als Neil Armstrong dann seinen Fußabdruck in den Mondstaub setzte, war dies der Gipfel eines ganz außerordentlichen Wettkampfes, dessen Ursprung im Zweiten Weltkrieg zu suchen ist. Deutschland hatte mit seinen kriegerischen Anstrengungen eine enorme technologische Dynamik ausgelöst. So entwickelten großzügig mit Geld ausgestattete deutsche Ingenieure ganz neue Antriebssysteme für Waffen, die den Gegner und vor allem seine Zivilbevölkerung vernichten konnten. Nach den mit Pulsstrahltriebwerken angetriebenen unbemannten Flugbomben, die man propagandistisch „Vergeltungswaffe 1 (V1)" nannte, wurden neben den neuartigen Strahltriebwerken erstmalig Raketenantriebe für Flugzeuge und unbemannte Flugkörper entwickelt und „erfolgreich" eingesetzt. Die von den Ingenieuren bezeichneten „Aggregate" (*A1 – A4*) und vom Regime als „Vergeltungswaffe 2" (*V2*) genannten Geräte waren erstmalig in der Lage, einen Sprengkopf durch die Stratosphäre und mit Überschallgeschwindigkeit auf einem anderen Land niedergehen zu lassen. Dieser „technologische Meilenstein" war den Männern um den Entwicklungsleiter Wernher von Braun so wichtig, dass sie Menschen in ihren Werken versklavten und umbrachten[4]. Nachdem die Alliierten Deutschland von den Mördern des Naziregimes befreit hatten, fielen diese Technologien den Siegermächten zu. Mit Erkalten der diplomatischen Beziehungen zwischen Ost und West sank das Beziehungsthermometer so weit, dass wir heute eine ganze Ära west-östlicher Gegnerschaft als „Kalter Krieg" bezeichnen.

Ein zweiter entscheidender Aspekt war die Entwicklung der Atombombe und ihr Abwurf über Japan. Völlig überrascht von ihrer Wirkung (die Physiker um Robert Oppenheimer unterschätzten die Sprengkraft des ersten Tests in der Wüste von Los Alamos um etwa den Faktor 50) ging man daran, Raketen zu entwickeln, die diese Teufelswerkzeuge gefahrlos und ohne Abwehrmöglichkeit dem Gegner zusenden konnten. Auf beiden Seiten (in den USA

---

[3] Noch heute behaupten die Reichen auf dieser Welt nach jedem für sie einschneidenden Ereignis, dass nichts so sei wie vorher. Ein Bauer in Bangladesch wird solche Bewertungen nicht unbedingt teilen.

[4] Die schlechte Behandlung ganzer Menschengruppen durch Militärs sollte sich später bei diversen Atombombenversuchen der Atommächte durchaus wiederholen. Die Attraktion neuer Techniken stellt für die moralische Hemmschwelle offensichtlich eine Bedrohung dar. Erfolg korrumpiert! Für heutige technische Entwicklungen ein nicht zu vernachlässigender Aspekt.

und der Sowjetunion) entwickelte man dazu die deutschen *V2*-Raketen weiter und nutzte die Erfahrungen der deutschen Ingenieure. Plötzlich waren
alle unsäglichen Taten bei der Produktion der V2-Raketen vergessen, die Beteiligten galten nur als politisch naive Mitläufer der Nazis und wurden mit
offenen Armen in Ost und West empfangen[5]. Als die Sowjets mit ihrem ersten Satelliten den sogennanten „Sputnik-Schock" auslösten, suggerierten die
westlichen Militärs wider besseres Wissen eine strategische Überlegenheit des
Ostens. Hanebüchene Szenarien von „jederzeit aus dem Weltraum angreifenden Raketen" wurden als Drohkulisse genutzt, um finanzielle Mittel für weitere Entwicklungen zu erhalten. Eine auf beiden Seiten höchst erfolgreiche
Methode.

Für die Nachgeborenen in einem weitgehend befriedeten Europa ist die
damalige angespannte politische und strategische Stimmung wohl schwer
nachvollziehbar, die Konflikte gehören zum wissenschaftsgeschichtlichen
Verständnis der Raumfahrt jedoch dazu. Dass zwei Länder Dutzende von
Millarden für eine aus wissenschaftlicher und strategischer Sicht höchst zwei-
felhafte Anstrengung ausgaben, kann nur verstanden werden, wenn man
das damalige politische Umfeld und seine teilweise paranoiden Konflikte
berücksichtigt[6].

Um das Mondprogramm aufzulegen, bedurfte es jedoch neben der stra-
tegischen Aspekte der Militärs noch eine weitere Komponente. Die beiden
konkurrierenden Gesellschaftssysteme in Ost und West wurden zu einem wesentlichen Vehikel der Politik, und die Möglichkeit, sich gegeneinander ab-
zugrenzen, machte politisches Handeln erklärbar (auch wenn es dadurch
nicht notwendigerweise vernünftiger wird). Dazu gehört auch heute noch die
technologische Kompetenz und damit strategische Stärke eines Staates. Das
heutige Beispiel dafür ist China. Die Kompetenz, Satelliten in den Weltraum
zu befördern, wurde angesichts der Gegnerschaft der beiden damals konkurrierenden Systeme zu einem wichtigen Aspekt. Besonders für amerikanische
Politiker wurde die Raumfahrt daher für die jeweiligen Wahlen wichtig. Die
Raumfahrterfolge der Sowjetunion waren nicht nur ein Imageschaden für
die USA, sondern der erste Satellit im All *Sputnik 1* und insbesondere der
ersten Raumflug eines Menschen durch Juri Gagarin lösten eine an Hyste-
rie grenzende Reaktion der amerikanischen Öffentlichkeit aus. Das konnte
und wollte sich die Politik zu nutzen machen. Obwohl im Rückblick gern
anders suggeriert, hatte Kennedy in seiner Amtszeit ein Popularitätsproblem,
die Invasion von Kuba in der Schweinebucht war gerade einen Monat zuvor

---

[5] Nach SS-Unterlagen kamen in der Produktionsstätte der V-Waffen im Werk Mittelbau-
Dora etwa 12 000 Menschen um.
[6] Die antikommunistischen Brüllereien eines Senators McCarthy in den 50er-Jahren spiegeln sich in den heutigen Wutausbrüchen religiöser Fundamentalisten wider.

Abb. 2.1: Meldung des ersten menschlichen Raumflugs durch Juri Gagarin. Foto: NASA.

Abb. 2.2: Kontrolleinheit des *Wostok-1-Raumschiffs*, welches Juri Gagarin in die Erdumlaufbahn brachte. Foto: NASA.

Abb. 2.3: Präsident Kennedy verkündet am 25. Mai 1961 im amerikanischen Kongress das Ziel, einen Menschen vor Ablauf der Dekade zum Mond zu bringen. Foto: NASA/US-Kongress.

gescheitert. Als nach dem „Sputnik-Schock" der Erstflug eines Menschen ins All durch den Russen Juri Gagarin gelang und die Amerikaner mit eigenen technischen Problemen und Fehlschlägen zu kämpfen hatten, ließ sich Kennedy von einigen Beratern von der Raumfahrt als PR-Vehikel überzeugen.

Er war so geschickt, dass er den Rat annahm und in seiner berühmten Rede vor dem Senat die Steuerzahler ansporne, einen Amerikaner bis zum Ende des Jahrzehnts zum Mond zu bringen. Es war ein PR-Coup erster Klasse[7]. Sowohl auf amerikanischer wie auf sowjetischer Seite wurden Anstrengungen in dieser Richtung unternommen, um nicht nur die jeweilige technologische, sondern auch die moralische Überlegenheit zu demonstrieren. Völlig analog zu Sportveranstaltungen wurde ein sogenannter „Wettlauf der Systeme" gestartet, welcher der Propaganda für das eigene System diente und die Sowjets beinahe zu einem bemannten Mondflug mit ihrer neuen *N1*-Mondrakete brachte. Angefacht wurde dieser Wettstreit durch den ersten Orbitalflug von Juri Gagarin im April 1961 und dem darauffolgenden im August desselben Jahres durch German Titow. Die Amerikaner waren erst im Februar 1962 ebenfalls in der Lage, mit John Glenn einen bemannten Orbitalflug durchzuführen (die beiden ersten Amerikaner im All, Alan Shepard und Virgil Grissom im Mai und Juli 1961, führten ballistische Parabelflüge durch, ohne die Erde zu umkreisen.).

Die Rede des Präsidenten vor dem Kongress.
http://www.youtube.com/mooncheckor.

Mit dem Aufbruch zum Mond innerhalb von nur neun Jahren musste das bis dahin verfolgte Raumfahrtprogramm der Amerikaner komplett umgeworfen werden. Bisher waren die Verantwortlichen der NASA davon ausgegangen, dass Missionskonzepte elegant und in aller Ruhe entwickelt werden konnten. Vom Mond redete niemand. Schon 1955 wurde mit dem Bau des Raketenflugzeugs *X15* begonnen, um die Gleitertechnik für spätere Raumflüge verstehen zu lernen. Die drei gebauten *X15* konnten sechsfache

---

[7]   Eine Kopie des entsprechenden Manuskriptteils findet sich unter http://history.nasa. gov/Apollomon/apollo5.pdf. Die gesamte Rede findet sich unter http://www.jfklibrary. org/Research/Ready-Reference/JFK-Speeches/Special-Message-to-the-Congress-on-Urgent-National-Needs-May-25-1961.aspx. Dort ist auch das entsprechende Audio-File zu finden.

Abb. 2.4: Die *Redstone 1* mit *Mercury*-Kapsel für den ersten Flug des Astronauten Alan Shepard auf der Startrampe 5 in Cape Canaveral 1961. Foto: NASA. Nr.: KSC-61C-181.

Schallgeschwindigkeit und eine Flughöhe von bis zu 100 Kilometern erreichen. Bis 1968 wurden fast 200 Flüge durchgeführt[8]. Auch die Air Force arbeitete an einem Gleiterkonzept, um daraus langfristig einen Fernbomber zu entwickeln. Das Projekt *Dyna-Soar* wurde 1957 gestartet. Dann aber

---

[8] Neil Armstrong absolvierte mit der *X15* insgesamt sieben Flüge.

Abb. 2.5: Edward H. White während seines sogenannten Raumspaziergangs bei der Mission von *Gemini 4*. Er war nach dem Russen Alexej Leonow der zweite Mensch, der diesen Versuch durchführte. Foto: NASA/James McDivitt. Nr.: S65-30431.

Abb. 2.6: *Gemini 7* im Erdorbit, aufgenommen von Gemini 6 während eines gemeinsamen Rendezvous-Manövers 1965. Foto: NASA. Nr.: S65-63220.

Abb. 2.7: Start von *Apollo 7* auf einer *Saturn-Ib*-Rakete. Bei diesem Flug in einer Erdumlaufbahn im Jahr 1968 wurde erstmals das neue *Apollo*-Service- und Kommandomodul für die Mondmissionen getestet. Foto: NASA. Nr.: AP7-KSC-68PC-185.

verkündete Kennedy seinen Plan, Menschen schnellstens zum Mond zu bringen. Innerhalb der angestrebten Zeit war eine elegante und kostengünstige Entwicklung völlig unmöglich und man wählte den teuren Weg mit Einweg-Raketen. Die Flüge der *X15* fanden zwar weiterhin statt, doch die Finanzierung lief 1968 endgültig aus. Schlechter erging es der *Dyna-Soar*. Ihre Entwicklung wurde zugunsten des Mondprogramms aufgegeben.

Ich reiße dieses Thema an, um die Mondlandung in den geschichtlichen Ablauf von der *X15* bis hin zum *Spaceshuttle* einzubinden. Der amerikanische Präsident hatte mit seiner Mondentscheidung nicht nur einen entwicklungstechnisch logischen Weg zugunsten einer schnellen Brachialmethode gestoppt. Seine Entscheidung hatte auch signifikante Auswirkungen auf die Zeit nach den Flügen zum Mond rund zehn Jahre später, als die Kosten des amerikanischen Raumfahrtprogramms aus dem Ruder liefen und das Design

Abb. 2.8:   Neil Armstrong und Buzz Aldrin beim Training für die Mondlandung in Houston 1969. Foto: NASA. Nr.: AP11-S69-32245.

des *Spaceshuttle* abgespeckt werden musste. Ich komme in Kapitel 16 darauf zurück.

Viele Menschen sehen die Mondlandung 1969 als singuläres Ereignis, ganz wie eine Expedition auf den Mount Everest. Sie vergessen dabei, dass die NASA nach Kennedys Rede eine Organisation aufbaute, die nicht nur dazu führte, dass eine ganze Industrie in Bewegung gesetzt wurde, welche in den aktivsten Jahren bis zu 400 000 Mitarbeiter beschäftigte sondern dass man sich auch durch Missionen im Vorfeld an das große Ziel herantastete. Die *Mercury*-Flüge dienten dem Ziel, erste bemannte Erfahrungen im Weltall zu machen. Nach den einzelnen Flügen der berühmten *Mercury-Seven* wurde das Programm *Gemini* aufgelegt. Diese von zwei Astronauten voll kontrollierbaren amerikanischen Raumschiffe (die Sowjets hatten mit *Woschod 1* schon im Vorjahr eine Kapsel mit drei Kosmonauten an Bord in den Orbit gebracht) hatten zwei wesentliche Aufgaben. Erstens sollte belegt werden, dass Rendezvousmanöver, also Kopplungen im All (eine Voraussetzung für die Mondflüge), möglich sind, und zweitens galt es, die Anforderungen an Astronauten bei Außenbordmanövern zu erlernen. Beide Ziele wurden innerhalb der zehn bemannten *Gemini*-Missionen (*3* bis *12*) erreicht. Erst danach konnten die *Apollo*-Flüge überhaupt durchgeführt werden, und schon die fünfte bemannte *Apollo*-Mission führte dann die Mondlandung durch.

In diesem Zusammenhang wurde die Mondlandung übrigens tatsächlich simuliert, auch in „Studios". Es ist schlicht unmöglich, Menschen ohne Training aller Handlungs- und Bewegungsabläufe, ohne Tests der technischen Komponenten oder ohne Prüfung aller Prozeduren, zum Mond zu senden. Das wäre angesichts der Gefahren reiner Selbstmord. Bevor die Teile für eine Mission überhaupt gebaut werden, wird das gesamte Raumfahrzeug und sein Zusammenspiel mit Astronauten oder anderen Komponenten komplett geplant. Das fängt mit einer Projektdefinition an, gefolgt von einer Machbarkeitsstudie und den abschließenden Designdefinitionen. Das heißt, die Astronauten, die Bauteile und ihre Funktionen und der gesamte Flug werden auf dem Papier dokumentiert und unterliegen permanenten Tests und Kontrollen durch hochqualifizierte Ingenieure. Bevor eine Schraube für das Programm hergestellt wird, liegt alles in Papierform vor. Da der Mensch aber Fehler macht, ist selbst diese Methode nicht völlig sicher, und daher gab es nicht nur im Apollo-Programm immer wieder tödliche Unfälle[9].

---

[9] Walentin Bondarenko (1961); Virgil Grissom, Edward White, Roger Chaffee, Wladimir Komarow, Michael Adams (1967); Georgi Dobrowolski, Wiktor Pazajew, Wladislaw Wolkow (1971); Dick Scobee, Michael Smith, Ronald McNair, Ellison Onizuka, Judith Resnik, Gregory Jarvis, Christa McAuliffe (1986); Rick Husband, William McCool, Michael Anderson, David Brown, Kalpana Chawla, Laurel Clark, Ilan Ramon (2003). Darüber hinaus explodierten Raketen am Boden oder beim Start. Dabei starben offiziell 157 Menschen. Inoffizielle Informationen benennen bis zu 600 Tote.

Man sollte sich also unbedingt vor Augen halten, dass die Mondlandung Teil eines überaus komplexen Entwicklungsprozesses war, welcher nur in offenen Diskussionen der Manager, Ingenieure und Techniker vorangetrieben werden konnte und auch Rückschläge erleiden musste. Es ging um die größte technologische Herausforderung aller Zeiten. Daher waren sehr viele Menschen an den Arbeiten beteiligt, die auch noch über einen ganzen Kontinent verstreut waren. Komplexe, teure und riskante Raumprogramme, die nicht fehlschlagen dürfen, um das Leben der Protagonisten nicht unnötig zu gefährden, sind auf einen prompten und intensiven Informationsaustausch angewiesen. Heimlichtuerei wäre tödlich! Sobald Public Relations, also Werbung, nur ansatzweise eine Rolle spielt, schlägt das negativ auf jedes Raumfahrtprogramm zurück. Das musste Wladimir Komarow genauso mit seinem Leben bezahlen wie die Besatzung der Raumfähre *Challenger*. Der Nobelpreisträger Richard Feynman hatte das am Schluss seines Reports zur *Challenger*-Katastrophe für den amerikanischen Kongress festgestellt. „Für eine erfolgreiche Technologie, muss die Realität Vorrang vor Werbung haben, denn die Natur lässt sich nicht täuschen."[10]

---

[10] Feynmans Bericht findet sich im Internet unter http://history.nasa.gov/rogersrep/v2appf.htm.

3

Beweise I – Das Dilemma

Das sind also in aller Kürze einige Facetten in der Vorgeschichte der Mondlandungen, ein historisches Ereignis, welches ich nie hinterfragt habe. Ich
habe mich ein wenig mit Raumfahrtgeschichte beschäftigt, habe die Mondmissionen und die darauf folgenden Projekte (z. B. *Skylab*, *Spaceshuttle*, *Vi-
king*, *Voyager*) verfolgt und war nach dem Ende des Kalten Krieges froh,
mehr über das sowjetische Programm zu erfahren. Doch nun fragte man
mich also, ob das denn alles stattgefunden habe, und wenn ja, sollte ich das
bitte beweisen.

Wenn man gefragt wird, berichtet man davon, dass man das in den Zei-
tungen, im Fernsehen und in Büchern verfolgt hat. Sehr schnell entdeckt
man jedoch das Dilemma, in das man gerät. Man bekommt entgegnet, dass
die Filme im Fernsehen, die Bilder in den Zeitungen und die Berichte der
Beteiligten Astronauten, Ingenieure, Journalisten und Reporter entweder
manipuliert oder schlicht gelogen seien. Auf das mitgebrachte Mondgestein
hinweisend, wird einem vorgehalten, dass das ebenfalls gefälscht und schnö-
de Lava sei. Im Grunde sei man eben zu naiv, um den Betrug zu durchschau-
en. Nach einer Weile ist man genervt und steht als ignoranter Dummkopf
da, weiß aber nicht so recht warum. Es bleibt ein merkwürdig unbefriedigendes Gefühl im Bauch, verbunden mit Frustration über das gegenseitige Unverständnis, und man fragt sich, was da gerade passiert ist.

Wenn einem nur Misstrauen an den Kopf geworfen wird, kann sich kein
Diskurs entwickeln. Um etwas zu verstehen, muss man bereit sein, sich Antworten anzuhören und deren Inhalt auch zu erfassen. Pauschale Ablehnung
führt zu nichts. In Wirklichkeit ist aber schon die Forderung nach einem
Beweis tückisch. Welcher „Beweis" ist hier eigentlich gemeint? Ein wissenschaftlicher Beweis? Oder ein historischer? Oder ein wissenschaftlicher Beweis für ein historisches Ereignis? Man tut gut daran, dies zunächst mit der

fragenden Person zu klären, um die eigene Herangehensweise darzustellen. Es wird problematisch, wenn man das nicht tut.

Ich habe mir angewöhnt, die Forderung nach einem Beweis mit einer Bitte zu erwidern. Diese Bitte lautet folgendermaßen: *Bis 1989 stand in Berlin eine berühmte Mauer. Bitte beweisen Sie mir, dass es diese Mauer je gab.* Klar, meine Gesprächspartner verweisen dann auf Fotos, die ja existieren. Außerdem gibt es ja Zeugen und Überreste des Bauwerks, die noch heute in Berlin stehen. Und selbstverständlich gibt es Aufzeichnungen in den historischen Büchern. Meine lapidare Antwort: *Die Fotos sind gefälscht, die Zeugen vom KGB manipuliert und die angeblichen Überreste sind später vom Geheimdienst aufgebaut worden. Und historische Bücher sagen ja nichts über deren Wahrheitsgehalt.* Auf den Einwand, dass aber Hunderttausende deutsche Bürger die Mauer gesehen und erlebt haben, kann ich dann getrost feststellen, dass eben Hunderttausende manipuliert wurden oder lügen. Ich bin mir sicher, dass meinem Gesprächspartner ein merkwürdig unbefriedigendes Gefühl im Bauch bleibt und er sich über das gegenseitige Unverständnis frustriert fragt, was hier gerade los ist. Ich kann ihn verstehen. Was soll man mit einer Unterhaltung anfangen, bei der der Gesprächspartner alle Argumente negiert anstatt sie in einem Diskurs zu beleuchten, um der Wahrheit näher zu kommen? Gar nichts, weil es keine Unterhaltung ist, sondern eine Propagandaveranstaltung unter vier Augen.

In Wirklichkeit ist meine Antwort natürlich unredlich. Mein Trick liegt in der Forderung nach einem wissenschaftlichen Beweis für ein historisches Ereignis. Der naturwissenschaftliche Beweis lebt jedoch von der Wiederholbarkeit eines Experiments. Das, und nur das, sagt etwas über die Qualität des wissenschaftlichen Beweises. Wenn ich also behaupte, dass ein Ball zur Erde fällt, wenn ich ihn loslasse, ist das zunächst nur eine Hypothese. Erst wenn dieser Versuch beliebig oft erfolgreich wiederholt werden kann, ist das ein hinreichender Hinweis, dass meine Hypothese richtig war[11]. Damit kann ich dann eine Theorie des freien Falls aufstellen, die bei allen weiteren Fallversuchen Bestand haben muss.

Geschichte ist jedoch nicht wiederholbar, sondern besteht aus singulären Ereignissen, die sich niemals wiederholen lassen (ich klammere physikalische Phänomene wie z. B. wiederkehrende Kometen explizit aus, sie folgen wissenschaftlich determinierten Naturerscheinungen). Ein Beweis ist bei

---

[11] Genau genommen sind Verifikationen in der Naturwissenschaft unmöglich und man kann Theorien nur durch wiederholte Experimente möglichst gut belegen. Eine 100%ige Sicherheit gibt es nicht. Ein einziger Gegenbeweis, und die Theorie ist ungültig. Man kann Theorien nur falsifizieren. Daher wird noch heute die Einsteinsche Relativitätstheorie regelmäßig mit Experimenten geprüft, um diese zu widerlegen, auch wenn kaum noch ein Wissenschaftler diese Theorie anzweifelt. Sollte also der Ball im obigen Beispiel irgendwann einmal nach oben fallen, war meine Hypothese falsch.

historischen Ereignissen schlicht unmöglich, da unwiederholbar. Man kann lediglich auf einen „induktiven" oder „deduktiven" Beweis zurückgreifen. Beide Beweisarten beruhen auf Beobachtungen und Erfahrungen. Bei einem induktiven Beweis nutzt man beobachtete Phänomene, um daraus eine allgemeine Erkenntnis zu erlangen. Beim deduktiven Beweis wird aus allgemeinen Voraussetzungen auf einen spezielleren Fall geschlossen. Eine absolute Gewissheit über den Wahrheitsgehalt einer geschichtlichen Aussage kann man mit diesen Beweisen jedoch grundsätzlich nicht erreichen, weil Geschichte eben nicht wiederholbar ist. Doch man kann sehr wohl die Kraft einzelner Behauptungen, wie sie von Mondlandungsgegnern in die Welt gesetzt werden, prüfen.

Man könnte nun einwenden, dass Beweise für die Mondlandungen per Logik ebenfalls möglich sind. Dieser Einwand ist korrekt und ich werde diesen Ansatz auch nutzen. Allerdings setzen logische Ansätze voraus, dass die Voraussetzungen von allen Seiten akzeptiert werden. Ein Beweis per Logik: *Wenn A größer ist als B, und wenn B größer ist als C, dann ist A auch größer als C.* Werden einzelne Glieder der Argumentationskette jedoch komplett in Frage oder als Lüge dahingestellt, wenn in unserem Fall z. B. *A ist größer als B* bzw. *B ist größer als C* als unwahr angesehen werden, ist dieser Beweis nicht mehr anwendbar. Man könnte dann entgegen jeder Logik genauso gut behaupten, der Mond sei aus Käse.

Ein Beweis wäre natürlich möglich, indem derjenige, der mir nicht glaubt, noch einmal zum Mond fliegt und nachsehen würde (ich komme in Kapitel 14 darauf zurück). Da dies jedoch höchstens für einzelne Menschen durchführbar wäre und die auf der Erde zurück gebliebenen dann womöglich nichts glauben würden, wird niemand im naturwissenschaftlichen Sinn „beweisen" können, dass wir auf dem Mond gelandet sind. Man kann lediglich die Argumente der Mondlandungsgegner induktiv auf Folgerichtigkeit, Logik und Einsichtigkeit prüfen, um dann festzustellen, ob sie glaubhaft sind oder nicht.

Ich hatte schon am Ende von Kapitel 1 angedeutet, dass die Bringschuld zur Untermauerung neuer „Beweise" bei denjenigen liegt, die neue Behauptungen aufstellen. In der Wissenschaft sind die Anforderungen an neue Regeln sehr hoch. Naturwissenschaftler sind außerordentlich konservativ, und bevor man bewährte Theorien aufgibt, werden neue Ansätze, Regeln oder Thesen scharf geprüft. Erst wenn diese neuen Thesen den Prüfungen standhalten, zieht man Modifikationen der früheren Überlegungen in Erwägung. Das galt für Newton auf dem Weg zu Einstein genauso wie für Planck auf dem Weg zu Heisenberg. Mondlandungsgegner beanspruchen durchweg wissenschaftliche Methoden für ihre Argumente. Daher liegt es nahe, das

Thema im Gegensatz zur NASA aufzugreifen, um für den Leser (und für meine Freunde) den Thesen-Nebel etwas zu lüften. Dazu stelle ich die wichtigsten Behauptungen der Mondlandungsgegner vor und stelle sie auf den Prüfstand der Logik. Bei einigen Thesen ist das sehr einfach durch Versuche auf der Erde möglich, andere bedürfen physikalischer Betrachtungen auf Schulniveau. Darüber hinaus bespreche ich direkte Hinweise auf die Realität der Mondmissionen sowie die Frage, was man aus den Betrachtungen der Verschwörungsanhänger lernen kann.

4

Am Himmel fehlen die Sterne

Warum ist der Himmel blau? Diese Standardfrage vieler Physikprüfungen ist mittlerweile so populär, dass sie keinen Studenten mehr schreckt. Trotzdem ist sie für einen Laien zwar naheliegend, doch durchaus nicht leicht zu beantworten. Tatsächlich setzt eine Antwort Kenntnisse in Atom- und Molekülphysik voraus und ist nicht simpel. Grund für den blauen Himmel ist die Streuung von Licht an Luftteilchen, also die Ablenkung bzw. Verteilung eines gerichteten Lichtstrahls in andere Richtungen. Dieser Sachverhalt ist schon lang bekannt, wobei die Streuung interessanterweise von der Farbe des Lichts abhängig ist. Blaues Licht wird stärker gestreut als grünes oder rotes, und so verteilt sich blaues Licht über den gesamten Tageshimmel, während alle anderen Farben mehr oder weniger direkt durch die Atmosphäre geleitet werden. Die Streuung des blauen Lichts ist so stark, dass beträchtliche Anteile des intensiven Sonnenlichts über den Himmel verteilt werden. Das Licht der Sterne wird dadurch tagsüber überstrahlt und sie sind deshalb am Tage unsichtbar.

Auf dem Mond gibt es keine Atmosphäre. Aus dem Weltall einfallendes Licht wird nicht gestreut und erreicht auf direktem Wege den Mondboden. Selbstverständlich kann das Sonnenlicht weiterhin die Augen blenden, ja es ist für die Augen sogar gefährlich, weil wegen der fehlenden Atmosphäre das ultraviolette Licht nicht gefiltert wird, und daher sind entsprechende Schutzmaßnahmen auf den Helmvisieren der Astronauten nötig. Doch die Sterne werden nicht durch einen blauen Himmel überstrahlt und sind zu jeder Zeit sichtbar. Der Himmel ist nicht blau, sondern immer schwarz. Es spielt keine Rolle, ob die Sonne am Himmel steht oder nicht – falls die Augen nicht geblendet werden, müssen Sterne auf dem Mond zu jeder Zeit sichtbar sein.

Vor diesen physikalischen Fakten beginne ich mit dem wohl populärsten Argument für die Mondlandungslüge. Auf den Fotos von der Mondlandung fehlen samt und sonders Sterne am Himmel. Welches Bild der

Abb. 4.1:   Buzz Aldrin blickt auf die *Apollo-11*-Mondfähre *Eagle*. Foto: NASA/N. Armstrong. Nr.: AS11-40-5948.

Mondmissionen man auch heranzieht, immer fehlen die Sterne. Das einfache Argument: **Die Szenen der Mondlandung wurden in einem Studio aufgenommen und man hat vergessen, künstliche Sterne an der Studiodecke zu installieren.**

Diese Aussage ist auf den ersten Blick so simpel wie bestechend. Wenn wir in einer klaren Nacht den Himmel betrachten, so sieht man die Sterne. Und je dunkler die Umgebung des eigenen Standortes ist, umso mehr Sterne kann man sehen. Welcher phantastische Himmel sollte da bloß auf dem Mond sichtbar sein, der doch keine störende Atmosphäre besitzt? Doch so einfach und klar, wie dieses Argument daherkommt, ist es nicht. Im Gegenteil! Die Behauptung, dass Studiotechniker vergaßen, Lampen an der Decke zu installieren, hat weitaus komplexere Folgen, als man auf den ersten Blick erkennen mag[12]. Dazu ein kleiner Ausflug in die Wissenschaftsgeschichte.

---

[12] Manche Menschen behaupten, dass die Sterne auf dem Mond eine andere Position am Himmel hätten haben müssen als auf der Erde und Astronomen dies hätten bemerken müssen, wären sie zu sehen gewesen. Das ist angesichts der Tatsache, dass die Sterne am Himmel

Der Franziskanermönch Wilhelm von Occam lebte von 1285 bis 1347[13] und war in seine kritisch-analytischen Denkweise seiner Zeit weit voraus. Außerdem beschäftigte er sich mit wissenschaftlichen Themen. In einer Zeit weit vor der Aufklärung, als noch das ptolemäische Weltbild einer im Mittelpunkt des Weltalls unbeweglich stehenden Erde Gültigkeit hatte, machte er sich Gedanken über das Wesen von Hypothesen. Durch Naturbeobachtungen und mit Gedankenexperimenten kam er implizit zu folgendem Schluss: Wenn ein Phänomen durch unterschiedliche Hypothesen oder Voraussetzungen erklärt werden kann, so ist die Hypothese mit den wenigsten freien Annahmen (Parameter) vorzuziehen bzw. korrekt. Dieses „Sparsamkeitsprinzip" ist so einschneidend und erfolgreich, dass es heute zur Grundlage wissenschaftlichen Arbeitens gehört, und es ist als „Occams Rasiermesser" in die Wissenschaftsgeschichte eingegangen[14]. Es sagt nichts anderes, als dass Erklärungen für Naturphänomene mit möglichst wenigen freien Annahmen auskommen müssen und man sich stets auf die Suche nach einfacheren Erklärungen für das jeweils beobachtete Phänomen machen sollte. Oder anders gesagt, wenn ich für eine Erklärung weniger Annahmen machen muss, so ist diese besser als eine, die mehr Annahmen machen muss. Voraussetzung für die Anwendung des Occamschen Rasiermessers ist die Existenz mehrerer Theorien für ein und dasselbe Phänomen. Damit ist es aber auch möglich, dass eine neue Theorie die bessere ist, obwohl diese komplizierter ist als die alte. Ein gutes Beispiel für dieses Vorgehen ist die Gravitationstheorie von Einstein, die wesentlich komplexer ist als die Theorie von Newton. Sie besitzt mehr freie Parameter, kann jedoch sehr viel mehr Beobachtungen erklären.

Das klassische Beispiel für die Anwendung von Occam ist die Ablösung des gozentrischen Weltbilds von Ptolemäus durch das heliozentrische Weltbild des Kopernikus. Im Laufe der Jahrhunderte wurden die Beobachtungen immer genauer, und das ptolemäische Modell mit der Erde im Mittelpunkt des Universums und des Planetensystems wurde zwangsläufig immer komplizierter mit immer mehr freien Annahmen, um die Beobachtungen erklären zu können. Doch je genauer die Messungen am Himmel wurden, desto größer waren die Übereinstimmungen mit dem kopernikanischen Weltbild und der Sonne im Zentrum des Planetensystems. Der Durchbruch kam mit den Beobachtungen des Tycho Brahe und den Keplerschen Gesetzen, die auf diesen Beobachtungen aufbauten. Daraufhin entwickelte Isaac Newton erstmalig ein konsistentes Gravitationsgesetz, welches allgemein gültige, also nicht

---

mehrere Milliarden mal weiter weg von der Erde sind als der Mond, nicht korrekt.

[13] Genau dieser Wilhelm von Occam ist übrigens das Vorbild für die Romanfigur des William von Baskerville in dem Buch *Der Name der Rose* von Umberto Eco.

[14] Das Prinzip findet sich in Ockhams Schriften nicht direkt. Die Bezeichnung „Occams Rasiermesser" für das Sparsamkeitsprinzip wurde erst im 19. Jahrhundert von dem Mathematiker William Rowan Hamilton formuliert.

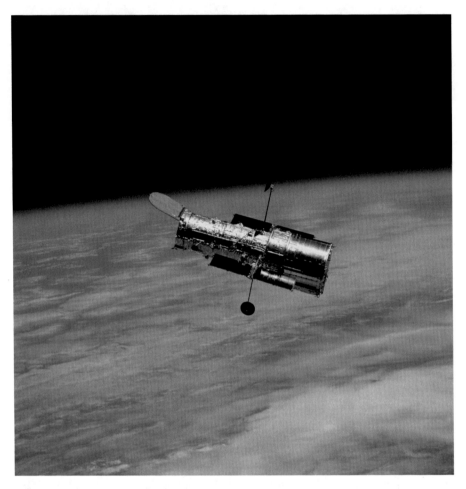

Abb. 4.2: *Hubble Space Telescope* aufgenommen vom *Columbia Space Shuttle* STS109 im März 2002. Foto: NASA. Nr.: STS109-730-034.

nur auf die Planeten anwendbare Mechanismen nutzte. Das ptolemäische Weltbild hingegen musste immer komplizierter werden, um die Beobachtungen abzubilden, bis die Widersprüche zu offensichtlich wurden. Hinter der Reduzierung der freien Annahmen steckt also die Forderung nach Modellen, die möglichst wenig Interpretationsspielraum lassen. Dahinter steckt das Ziel, die Welt nicht willkürlich, sondern konsistent und logisch erklären zu können. Phantastereien ohne vernünftigen Bezug zu anderen Beobachtungen sollen so vermieden werden.

Wenn wir uns nun wieder den fehlenden Sternen auf den Mondaufnahmen zuwenden, so stellen wir schnell fest, dass das Argument, Techniker

Abb. 4.3: Nachtaufnahme des Südlichts mit Sternen über dem Horizont, aufgenommen von der Internationalen Raumstation im September 2011. Foto: NASA. Nr.: ISS029-E-008433.

hätten sie vergessen aufzuhängen, höchst problematisch weil zu komplex ist mit zu vielen logisch unerklärlichen Konsequenzen. Erstens müsste dann erklärt werden, warum den Studiobossen ein solcher einfach zu entdeckender Fehler unterlaufen kann. Ein unauffälliger Betrug sollte mindestens so clever gemacht sein, dass ihn auch Millionen Menschen nicht entdecken können. Ich könnte nun behaupten, dass der Regisseur absichtlich ein Zeichen des Betrugs senden wollte (er wurde womöglich vom Geheimdienst zu seiner Tätigkeit gezwungen), doch das erhöht wiederum die Anzahl freier Annahmen in Occams Sinn. Zweitens stellt sich die Frage, warum ein solcher einfacher Fehler passieren kann, obwohl für die Aufnahmen viel Geld zur Verfügung stehen müsste und ein entsprechendes Kontrollsystem aufgebaut würde. Und drittens darf man sich wundern, warum dieser Fehler nicht einem einzigen Mitglied des Teams (Techniker, Ingenieure etc.) aufgefallen ist. Zu guter Letzt müssen wir darauf verweisen, dass die NASA das Problem der fehlenden Sterne noch heute nicht in den Griff bekommen hat und auf all ihren Bildern aus dem Erdorbit keine Sterne zu sehen sind. Auch auf den Bildern der jüngsten *Shuttle*-Missionen und allen unbemannten Missionen fehlen immer die Sterne. Die einzigen Missionen, die Sterne abbilden, haben explizit astronomische Ziele oder solche, die nur in der Nacht aufgenommen werden können[15]. Wenn also die Lampen vergessen wurden, muss man sich fragen, warum die NASA offensichtlich noch immer unfähige Techniker beschäftigt und dabei trotzdem Raumschiffe ins Weltall bekommt. Es zeigt sich also, dass die simple Annahme der Mondlandungsgegner umfangreiche Konsequenzen hat, die alle schlüssig und in Übereinstimmung mit der aufgestellten These (vergessene Sterne an der Studiodecke) erklärt werden müssen. Das dürfte sehr schwierig werden.

Die Internationale Raumstation *ISS* beim Flug über Afrika.
http://www.youtube.com/moonchecker.

Im Sinne von Occams Rasiermesser können wir nun einen anderen Erklärungsversuch starten und prüfen dann, ob die neue Erklärung mit weniger Annahmen auskommt. Es spricht hierbei nichts gegen ein Experiment auf der Erde. Auch hier sind die Sterne nachts sichtbar und auch hier haben wir Kameras, um die Szene festzuhalten – ein völlig analoger Versuchsaufbau. Dazu wählen wir einen handelsüblichen analogen Fotoapparat und fotografieren den Himmel bei verschiedenen Belichtungszeiten und vollständig geöffneter Blende. Der normale Fotograf belichtet etwa 1/60 Sekunde, um sich bewegende Objekte (Menschen, Fahrzeuge, Tiere) scharf und nicht verschwommen abzubilden. Und man möchte die Gegenstände ja nicht überbelichten. Die Bilder werden dann auch nicht durch unruhige Bewegungen des Fotografen verwackelt (meine eigene Motorik lässt mittlerweile zu wünschen übrig und je kürzer ich belichte, desto besser). Wählt man solche kurzen Verschlusszeiten, um den Himmel zu fotografieren, sieht man gar nichts. Keine Sterne am Himmel. Verlängert man nun schrittweise die Belichtungszeit, wird man entdecken, dass erst bei einer Belichtungszeit von mehreren Sekunden die hellsten Sterne auf dem Foto sichtbar werden. Das ist ein interessantes Ergebnis! Anscheinend sind die Sterne am Himmel allesamt so lichtschwach, dass sie bei einer Belichtungszeit unter etwa einer Sekunde auf dem Film unsichtbar bleiben. Das hat jedoch Konsequenzen für unsere

---

[15] Für solche Sequenzen wurden empfindliche Digitalkameras genutzt. Beispiele von Filmen bei Nacht aus dem Erdorbit, allesamt mit Sternen am Himmel, finden sich unter http://eol.jsc.nasa.gov.

Abb. 4.4: BBC-Interview von Neil Armstrong 1970. Das Interview findet sich im Internet unter den Suchbegriffen *Neil Armstrong BBC 1970*.

Betrachtungen. Die Belichtungszeiten auf dem Mond wurden so gewählt, dass die Szenerie nicht überbelichtet wird. Die Astronauten, die Mondlandefähre, die Instrumente, die Mondlandschaft leuchten viel stärker als die Sterne (sie werden von der Sonne angestrahlt), und damit verbieten sich Belichtungszeiten von mehreren Sekunden. Außerdem sollten die sich bewegenden Astronauten auch scharf abgebildet werden. Das ist auf der Erde nicht anders. Um Menschen nicht verschwommen abzubilden, sind wir gezwungen, eine kurze Belichtungszeit zu wählen, doch bei diesen kurzen Belichtungszeit bleiben die Sterne in der Nacht einfach unsichtbar. Trotzdem wird sich jeder mit eigenen Augen überzeugen können, dass die Sterne nicht verschwunden sind.

Stellt man dieses Experiment nun den Behauptungen der Mondlandungsgegner entgegen und nutzt Occams Rasiermesser, so fällt die Entscheidung zugunsten einer Aussage leicht. Die Anzahl der notwendigen Voraussetzungen für eine trickreiche Verschwörung im Studio ist so immens groß und hat so viele problematische Konsequenzen, dass die Erklärung durch Belichtungsprobleme eindeutig favorisiert werden muss. Hier wurde lediglich angenommen, dass die Sterne im Verhältnis zur Szenerie nicht hell genug sind, um bei den für eine normale Abbildung nötigen Belichtungszeiten auf den Bildern sichtbar zu sein. Darüber hinaus können wir diesen Sachverhalt sogar experimentell und ohne weitere Annahmen belegen, ganz im Sinne Occams und mithilfe eines induktiven Beweises (siehe Kapitel 3). Dieser induktive Beweis lautet: Am nächtlichen Erdhimmel kann man bei kurzen

Belichtungszeiten keine Sterne fotografieren. Daher kann man nirgendwo Sterne mit kurzen Belichtungszeiten fotografieren. Das gilt ebenfalls für das menschliche Auge, falls sehr helle Lichtquellen stören. Auf dem Mond konnten die Astronauten mit ihren Augen daher keine Sterne sehen, weil die Sonne alles überstrahlte. Das haben Armstrong und die anderen Astronauten sehr bald nach den Mondlandungen in Interviews bestätigt[16].

Ein in vieler Hinsicht aufschlussreiches Interview gab Neil Armstrong der *BBC* schon im Jahre 1970. Dort beschreibt er, dass am pechschwarzen Mondhimmel nur die Erde zu sehen ist, jedoch keine Sterne. Das ist auf den ersten Blick eine interessante Aussage, aber natürlich kein Argument, dass wirklich keine Sterne am Himmel waren. Die Lösung des Problems kann jeder nachvollziehen. Dazu reichen sehr helle Scheinwerfer (z. B. Flutlicht auf einem Sportplatz). Man wird feststellen, dass die Augen sehr stark geblendet und die relativ schwachen Sterne am Himmel überstrahlt werden. Kein Wunder, die Sterne sind etwa eine Millarde mal schwächer als die Strahler. Vergleicht man das nun mit der Sonne, die wiederum etwa hundertmal stärker leuchtet als Lampen auf den Sportplatz, sind unsichtbare Sterne am Nachthimmel kein Problem mehr. In dem Gespräch geht Armstrong auch auf seine Probleme ein, Distanzen auf dem Mond abschätzen zu können. Ich komme in Kapitel 7 darauf zurück. Seine optimistische Einschätzung zu zukünftigen Mondbasen gegen Ende des Gesprächs beleuchte ich im letzten Kapitel.

Da es sich bei den Mondmissionen nicht um astronomische Exkursionen handelte (siehe Kapitel 2), haben wir somit eine einfache und stichhaltige Erklärung für die fehlenden Sterne am Himmel gefunden. Das Argument der Mondlandungsgegner, man habe die Lampen an der Studiodecke vergessen, ist im Kontext unlogisch und erfüllt nicht die Anforderungen an eine begründete These. Daher kann es nicht als Argument für eine Verschwörung herhalten.

---

[16] Die meisten Mondlandungszweifler behaupten, Armstrong habe nie ein Interview gegeben. Das stimmt jedoch nicht! In den Videokanälen des Internets finden sich eine ganze Reihe öffentlicher Auftritte Armstrongs, darunter verschiedene Interviews.

5

Da flattert doch die Fahne!

Ohne Luft gibt es keinen Wind. Und ohne Wind flattert keine Fahne. Da es bekanntermaßen auf dem Mond keine Atmosphäre gibt, sollte man also auch erwarten, dass sich eine Fahne dort nicht im Wind bewegen kann. Eigentlich war eine Flagge, die auf dem Mond gepflanzt werden sollte, bei der Missionsplanung nie ein Thema, und die Fahne wurde so spät in das Programm aufgenommen, dass die Aufstellungsprozedur die einzige Tätigkeit war, die die Astronauten von *Apollo 11* nicht trainiert hatten[17]. Armstrong und Aldrin schafften es dann auch nicht, sie fest genug in den Boden zu bringen, und beim Rückstart der Mondfähre fiel die Fahne um[18]. Nun verweisen die Kritiker aber darauf, dass auf diversen Filmaufnahmen der NASA die von den Astronauten in den Mondboden gepflanzte amerikanische Flagge im Wind weht. Ihr Argument: **In mehreren Filmsequenzen flattert die Fahne im Wind. Daher muss die jeweilige Szene auf der Erde gedreht worden sein.**

Im Rückblick auf die fehlenden Sterne am Himmel ist dieses Argument in sich schon spannend. Wir haben in Kapitel 4 gesehen, dass fehlende Sterne damit erklärt werden, dass man schlicht vergessen habe, entsprechende Lampen an der Studiodecke anzubringen, in dem die Mondszenen gedreht wurden. Somit sollten die Aufnahmen doch in einem geschlossenen Raum gedreht worden sein – oder? Doch woher soll nun der Wind kommen? Wurden einige Szenen also in einem Studio und andere im Freien gedreht? Um diesen Widerspruch lösen zu können, müsste man annehmen, dass die Szene zwar im Studio gedreht wurde, allerdings irgendwo eine Tür offen stand, und der eindringende Wind führte zu besagter Bewegung (manche vermuten hier Klimaanlagen). Und auch hier, wie beim Thema Sterne am Himmel,

---

[17] Es gab zunächst Überlegungen, Fahnen anderer Nationen ebenfalls aufzustellen. Das wurde vom Kongress mit dem Argument verworfen, dass die Mission allein vom amerikanischen Steuerzahler bezahlt wurde.

[18] Unter http://www.jsc.nasa.gov/history/flag/flag.htm finden sich die politischen Aspekte sowie eine komplette technische Beschreibung der Flagge.

Abb. 5.1:   Die Flagge von *Apollo 11*. Foto: NASA/N. Armstrong. Nr.: AS11-40-5905.

müssten wir uns fragen, warum bei der Planung eines wahrlich globalen Betrugs ein solcher simpler Fehler passieren kann.

Doch wollen wir die Aussage, dass die Fahne im Wind flattert, einmal etwas genauer prüfen. Tatsächlich existieren eine ganze Reihe von Filmsequenzen der NASA, in denen sich die Fahne, welche von den Astronauten auf dem Mond gepflanzt wurde, bewegt. Es gibt jedoch keine einzige Sequenz, in der sich die Fahne bewegt, ohne dass einer der Astronauten entweder die Fahne oder deren Stange berührt oder wenige Sekunden vorher berührt hat. Eine Bewegung bzw. ein „Flattern" ist nur beobachtbar, wenn die Fahne gerade berührt wurde oder wird. Die Skeptiker verweisen auf unterschiedliche

Abb. 5.2: Der Kommandant von *Apollo 14* Alan Shepard und die US-Flagge. Foto: NASA/E. Mitchell. Nr.: AS14-66-9232.

Filmsequenzen, in denen sich die Fahne von ganz allein bewegt. Diese Sequenzen sind jedoch recht kurze und starten durchweg kurz vor oder direkt mit der entsprechenden Fahnenbewegung. Man fragt sich, wo die Passagen davor und danach geblieben sind. Glücklicherweise wurden auf dem Mond sehr umfangreiche Aufnahmen gemacht, und es zeigt sich in vielen Fällen, dass die ausgewählten Kurzsequenzen eine Vorgeschichte haben. Diese Vorgeschichte beinhaltet in allen Fällen das Hantieren der Astronauten mit der Fahne. Bei genauer Prüfung stellen wir dann fest, dass uns von den Kritikern komplette Sequenzen vorenthalten werden, und diese Sequenzen zeigen

Abb. 5.3:   Der Pilot von *Apollo 17* Jack Schmitt und die US-Flagge unter der Erde.
Foto: NASA/G. Cernan. Nr.: AS17-134-20384HR.

eindeutig, dass an der Fahne hantiert wurde. Ein Beispiel für solch eine Filmsequenz ist eine Szene von *Apollo 14*. Alan Shepherd und Edgar Mitchell
werden von der vom Kontrollzentrum gesteuerten Kamera dabei gefilmt, wie
sie die Flagge aufstellen.

Die Astronauten von *Apollo 14* stellen die Fahne auf.
http://www.youtube.com/moonchecker.

Man erkennt dort zweierlei: Zum einen ist die Flagge nicht nur an einer Querstange sondern auch entlang des Flaggenstabs befestigt. Daher „flattert" nur die untere freie Ecke der Flagge. Zum Zweiten erkennt man, dass die Flagge sich nur bewegt, wenn vorher die Flaggenstange gedreht wurde, und dabei folgt die Querstange nicht der Flagge, wie es bei Wind normal wäre, sondern umgekehrt, die Flagge folgt der Stange in ihrer Bewegung. Von einem Windstoß kann überhaupt keine Rede sein. Genau so zeigt das die entsprechende Szene bei *Apollo 17*. Auch hier folgt die Flagge der Stangenbewegung und nicht umgekehrt. Und auch hier bewegt sich die Flagge ausschließlich, wenn ein Astronaut diese berührt.

Die Astronauten von *Apollo 17* stellen die Fahne auf.
http://www.youtube.com/moonchecker.

Ich muß fairerweise gestehen, dass die entsprechenden Pendelbewegungen tatsächlich anders aussehen, als man diese von der Erde gewohnt ist. In der Tat kann man auf die Schnelle den Eindruck bekommen, dass es sich um Bewegungen im Wind handelt. Dies insbesondere, da in manchen Szenen die vorhergegangenen Berührungen relativ lange vorbei sind. Man darf dabei jedoch nicht vergessen, dass verglichen mit der Erde nur eine um das sechsfache geringere Gravitation auf das Flaggenmaterial wirkt. Genaue Analysen der Schwingungsbewegung fügen sich völlig zwanglos in diesen Sachverhalt ein und die Behauptung einer von Luft verursachten Flaggenbewegung lässt sich damit schnell entkräften.

Auch hier möchte ich Occams Rasiermesser strapazieren. Die Behauptung, dass Wind die Fahne bewegt, setzt ausserordentlich viele Annahmen voraus und entspricht schlicht nicht den Filmaufnahmen. Wir dürfen völlig zu Recht fragen, was hier eigentlich wirklich „gesehen" wird. Wenn es Wind im Studio gibt, dann immer genau zu der Zeit, in der ein Astronaut die Fahne berührt (oder kurz danach, niemals vorher), wobei erklärt werden muss, wie dieser Wind in einem Studio auftreten kann. Einige Kritiker meinen, dass im Studio aufgebaute Klimaanlagen oder Ventilatoren die Fahne flattern ließ – doch warum wird dann nicht der Staub auf dem Boden fortgeweht?

Im Gegensatz dazu hilft Occams Rasiermesser wieder weiter. Wir ziehen die wiederholten Beobachtungen in den Filmen vom Mond heran und stellen fest, dass die Fahne sich nur bei Berührung bewegt hat und sonst niemals. Außerdem stellen wir fest, dass bei der Drehung der Fahne (dies geschieht ebenfalls nur bei Berührung) die Querstange, an der die Fahne befestigt ist, immer vorausläuft und nicht umgekehrt, wie es bei Wind zu erwarten wäre. Daher belegt keine einzige Filmsequenz die Existenz irgendwelcher Luftströmungen. Dies entspricht komplett dem Befund aus den NASA-Archiven, und Occam hätte sich zweifellos für diese Erklärungsvariante entschieden.

6

Eine Lampe – schräge Schatten

Auf dem Mond gibt es nur eine einzige „Lampe", die die Szenerie beleuchten kann. Und diese Lampe ist auch noch sehr weit entfernt – es ist unsere Sonne. Sie beleuchtet Szenen auf der Erde und dem Mond und erzeugt dabei entsprechende Schatten. Die Sonne ist sogar so weit entfernt, dass wir sie im Verhältnis zur Szene so behandeln können, als würde sie in einer unendlichen Entfernung stehen. Daher verlaufen ihre Strahlen und die von diesen Strahlen erzeugten Schatten beinahe parallel. Und wenn man diese Schatten fotografiert, sollten sie auf dem Bild ebenfalls parallel verlaufen.

Doch tatsächlich gibt es viele Bilder von den Szenen der Mondlandung, auf denen Schatten von den Astronauten, Geräten, Instrumenten und Felsen überhaupt nicht parallel verlaufen. Und nicht nur das, selbst deren Längen sind vielfach unterschiedlich. Ein recht bekanntes Foto zeigt zwei Astronauten, wie sie nebeneinander stehen, und ihre Schatten verlaufen weder parallel, noch sind sie gleich lang! Den Betrachter dieser Bilder sollte dies genau so irritieren wie mich, als ich diese Aufnahmen das erste Mal sah, widerspricht diese Beobachtung doch der Tatsache, dass Schatten von einer sehr weit entfernten Lichtquelle durchaus parallel abgebildet werden sollten. Und genau dies ist der Einwand aller Skeptiker der Mondlandungen. **Wenn Schatten, die von einer einzigen relativ weit entfernten Lichtquelle erzeugt werden, nicht parallel verlaufen oder signifikante Längenunterschiede zeigen, wurden diese Schatten von zusätzlichen Lichtquellen erzeugt.** Oder anders gesagt: Da die NASA nie behauptet hat, dass zusätzliche Lampen mit auf den Mond genommen wurden, müssen die Mondlandeszenen mit mehreren Lampen in einem Studio gemacht worden sein.

Tatsächlich ist die Voraussetzung der Mondlandungskritiker nicht zu beanstanden und völlig korrekt – Schatten, die von einer einzigen relativ weit entfernten Lichtquelle erzeugt werden, müssen parallel verlaufen. Aber: Bezogen auf die Fotos, die auf dem Mond gemacht wurden, ist die

Abb. 6.1: Buzz Aldrin, Pilot von *Apollo 11*, neben der Mondlandefähre. Foto: NASA/N. Armstrong. Nr.: AS11-40-5902.

Schlussfolgerung falsch! Die Behauptung, dass alle von einer weit entfernten Lampe verursachten Schatten parallel, also in derselben Richtung *abgebildet* sein sollten, ist nicht richtig. Die kleine „Falle", die von Verschwörungstheoretikern gestellt und von mir bewusst neu gelegt wurde, findet sich in dem Wort „abgebildet". Es ist völlig korrekt, dass in dem oben beschriebenen Fall alle Schatten parallel *verlaufen* müssen, nicht aber, dass sie parallel *abgebildet* werden.

Um die Ursache für diesen völlig menschlichen Fehlschluss zu finden, müssen wir uns überlegen, wie wir Menschen die Welt wahrnehmen und was dabei genau passiert. Der Sehprozess ist für uns so alltäglich, dass wir uns nur selten klar machen, was wir eigentlich tun. Wir haben zwei Augen und leben in einer für unsere Wahrnehmung dreidimensionalen Welt. Mit diesen beiden Augen können wir Augenblicke von etwa 20 Millisekunden unterscheiden, und somit nehmen wir rund 50 Bilder in der Sekunde wahr. Außerdem machen wir mit diesen beiden Augen jedesmal eine „trigonometrische" Messung und können erst damit die räumliche Tiefe erfassen. Einem Einäugigen ist sofort klar, wovon ich spreche. Bei der Betrachtung eines in der Nähe stehenden Gegenstandes können wir dessen Distanz oder räumliche Lage nur abschätzen, wenn wir den Gegenstand von mindestens zwei verschiedenen

Positionen betrachten. Diese zwei Positionen liefern unsere beiden Augen oder wir bewegen den Kopf. Probieren Sie es einfach einmal aus. Schließen Sie beide Augen und bitten Sie eine andere Person, einen unbekannten Gegenstand (Alltagserfahrungen wollen wir ausschließen) vor sich auf einem Tisch zu positionieren. Nun öffnen Sie nur ein Auge und versuchen die Distanz zu diesem Gegenstand abzuschätzen. Sie werden sehen, dass dies ohne das zweite Auge schwierig ist, eine Erfahrung, die Einäugige täglich machen. Wenn aber der betrachtete Gegenstand nicht in der Nähe, sondern in großer Entfernung steht, reicht der Augenabstand für eine gute Distanzschätzung nicht mehr aus und wir müssen den Gegenstand von verschiedenen Position betrachten. Eine andere Möglichkeit, Distanzen unbekannter Szenerien abzuschätzen, ist eine Bewegung in Richtung des Gegenstandes oder von ihm weg. Die resultierende Größenänderung gibt uns einen Eindruck von der Gegenstandsgröße. Das alles machen wir immerhin rund 50 Mal in der Sekunde, und der Vorgang ist so selbstverständlich für uns, dass wir uns nur wenig Gedanken darüber machen.

Wenn wir nun auf unser Problem mit den nicht parallel verlaufenden Schatten zurückkehren, stellen wir fest, dass wir bei normalen fotografischen Aufnahmen immer „einäugig" sind[19]. Die Kamera nutzt ein einziges Objektiv, und die entsprechenden Fotos können in diesem Fall keine dreidimensionale Information liefern. Das ist für eine zuverlässige Beurteilung der Szene jedoch ein Problem. Informationen über die Beschaffenheit des Bodens sind so nur höchst lückenhaft, obwohl diese z.B. bei der Frage nach den Schattenlängen eine wichtige Rolle spielen. Das möchte ich mit einem Beispiel darstellen.

Wenn Sie bei einem Sonnenuntergang, wenn die Sonne sozusagen auf Augenhöhe steht, die Größe Ihres Schattens anschauen, werden Sie feststellen, dass Ihr Schatten bedeutend länger als Ihre Körpergröße ist. Der Schatten mag sich über ein Vielfaches Ihrer Körpergröße über den Boden ziehen. Das ist natürlich ein Projektionseffekt auf eine sehr stark verkippte Fläche, in diesem Fall der Boden. Machen Sie den gleichen Versuch jedoch vor einer Wand, deren Fläche senkrecht zur Sonnenrichtung steht, also nicht verkippt ist, wird Ihr Schatten etwa genauso lang sein wie Ihr Körper. Man sieht also recht einfach, dass die Schräge des Bodens, auf den der Schatten projiziert wird, einen Einfluss auf die Schattenlänge hat. Stehen zwei Menschen nebeneinander, und die Neigung der beiden Flächen, auf die die einzelnen Schatten geworfen werden sind nicht identisch, sind die Schatten auch unterschiedlich lang. Das ist bei einem unebenen Boden wie auf dem Mond sehr oft der Fall und daher sind abweichende Schattenlängen überhaupt nicht ungewöhnlich,

---

[19] Ich vernachlässige hier 3D-Aufnahmen und deren besondere Technik.

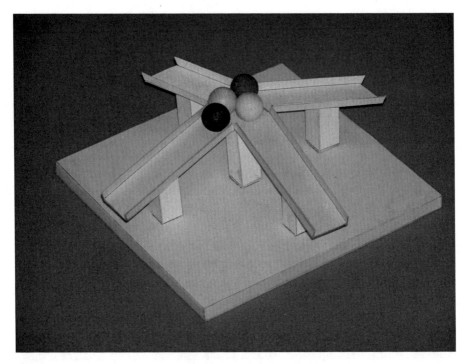

Abb. 6.2: Vier Rampen, auf denen Kugeln „aufwärts" rollen! Der entsprechende Clip findet sich unter http://www.stsci.de/nasa/06-kugeln.mp4. Quelle: K. Sugihara / Meiji Universität, Japan.

sondern völlig normal. Wenn wir bei einer Kamera keine dreidimensionalen Informationen erhalten, die Bodenbeschaffenheit also nicht bewerten können, sind unterschiedliche Schattenlängen zwanglos erklärbar.

Schattenwürfe auf den Fotos in unterschiedliche Richtungen sind Projektionseffekte von der dreidimensionalen realen Welt in die Abbildungsebene eines zweidimensionalen Films. Und dies mit entsprechenden Konsequenzen für die Geometrie der Abbildung. Das ist zunächst etwas ungewöhnlich, wird mit einem Beispiel jedoch sofort klar. Man kann diese Erscheinung nämlich problemlos Zuhause nachvollziehen. Fotografieren Sie die Kacheln in Ihrem Bad. Selbstverständlich wissen Sie, dass die Kachelfugen mehr oder weniger parallel verlaufen (das „mehr oder weniger" hängt von Ihrem Fliesenleger ab). Wenn Sie jedoch das aufgenommene Bild betrachten, verlaufen diese Fugen je nach Beobachtungswinkel in der Bildebene strahlenförmig in unterschiedliche Richtungen nach außen, aber keinesfalls parallel. Wer in seinem Bad keine Kacheln hat, kann einen noch subtileren Versuch durchführen. Nehmen Sie zwei Bleistifte und stecken diese an einem Sonnentag nebeneinander in wenigen Zentimetern Entfernung zueinander draußen in den Boden. Dann fotografieren Sie diese beiden Stifte mit Ihrer Kamera aus ein paar Meter Entfernung. Bevor Sie aber das Bild schießen, kippen Sie einen der Stifte leicht in Richtung der Kamera, den anderen aber in genau die entgegengesetzte Richtung. Wenn die Sonne nun diese beiden Stifte aus einer anderen Richtung als der Fotografie beleuchtet, werden die beiden Schattenwürfe der Stifte nicht parallel sein. Weil Sie aber die Stifte nur in die Kamerarichtung verkippt haben, werden diese keineswegs schräg abgebildet.

Bergauf rollende Kugeln.
http://www.youtube.com/mooncheckers.

Man sieht an diesen beiden Beispielen also sofort, dass Fotos oder auch normale Filme niemals die Realität abbilden, sondern wir diese mit unserer Lebenserfahrung interpretieren. Und diese Interpretation führt dazu, dass wir nicht parallele Schatten auf Fotos in der Regel sofort als etwas ganz Normales empfinden. Maler kennen diese Tatsache genau. Versuchen Sie einmal ein Bild zu malen, das Eisenbahnschienen in Gleisrichtung darstellen soll. Nun, es kommt hier nicht so sehr auf Ihre künstlerischen Fähigkeiten an, doch Sie werden bemerken, dass Sie für einen Tiefeneffekt, der die Parallelität der Schienen darstellen soll, die Schienen im Bild von unten nach oben zusammenlaufend, aber sicher nicht parallel zeichnen müssen (sie sollten hierbei Ihre Phantasie zu Hilfe nehmen und sich aus Sicherheitgründen nicht auf reale Schienen stellen). Wer, wie ich, kein begabter Maler ist, wird dabei schnell merken, wie schwer Tiefeneffekte auf der Leinwand darzustellen sind.

Doch noch eine weitere Tatsache wird immer wieder übersehen. Wenn man behauptet, dass unterschiedliche Schattenwürfe von zwei oder mehr Scheinwerfern erzeugt werden, muss man selbstverständlich erklären, warum zwei Gegenstände oder Astronauten, die nebeneinander stehen, dann nicht auch jeweils zwei oder mehr einzelne Schatten werfen, die dann aber in verschiedenen Richtungen verlaufen. Stellen Sie doch einmal zwei Lampen in Ihrer Wohnung nebeneinander auf und prüfen den Schattenwurf eines Gegenstands. Sie werden zwei Schatten bemerken, die von dem einen Gegenstand geworfen werden. Jeder Zuschauer eines abendlichen Fußballspiels bei Flutlicht kennt diesen Effekt. Wie kommt es also, dass die Astronauten und

Abb. 6.3: Aufnahme des Gesteins-Sammelwerkzeugs von *Apollo 16*. Foto: NASA/J. Young. Nr.: AS16-108-17697.

Gegenstände auf dem Mond auf keinem einzigen Foto zwei oder mehrere Schatten gleichzeitig werfen, obwohl ihre einzelnen Schattenwürfe nicht parallel verlaufen?

Schräge Schatten sowie deren unterschiedliche Längen sind ein Effekt fehlender dreidimensionaler Information. Darüber hinaus nehmen wir Menschen die Komplexität unseres Wahrnehmungsprozesses wegen seiner Alltäglichkeit (eigentlich eine Allsekündlichkeit) als selbstverständlich hin, sodass wir die reale Welt und deren Abbildungen kaum noch unterscheiden. Das ist bei außergewöhnlichen Szenerien, die wir bewerten wollen und in denen wir nur wenige Vergleichsmöglichkeiten haben, aber wichtig. Wer das nicht beachtet, hat dann auch keine andere Erklärung für schräge Schatten als zusätzliche Scheinwerfer. Alle Menschen interpretieren Fotos und Bilder als eine zweidimensionale Darstellung der wirklichen Welt. Anders wäre der Alltag in einer dreidimensionalen Welt überhaupt nicht zu bewältigen. Doch die Kritiker der Mondlandung tun das überraschenderweise nicht bei den Bildern der Mondszenen. Aber: Weil die Kamera- und Aufnahmeverhältnisse auf dem Mond sich prinzipiell nicht von Aufnahmen auf der Erde unterscheiden und die Art und Weise, wie wir Bilder wahrnehmen, die gleiche bleibt, sollten wir die Argumentation inkonsistenter Schattenwürfe skeptisch aufnehmen. Es ist also keine schlechte Idee, sich ab und zu einmal Schatten anzuschauen.

7

Manipulation der Bilder

Eines der populärsten Argumente gegen die Realität der Mondlandung sind angebliche Fotomontagen, also Manipulationen an den präsentierten Bildern. Zu den spektakulärsten Beispielen gehören das Foto von drei Astronauten auf dem Mond (wir erinnern uns, es waren immer nur zwei auf dem Mond) oder zusätzliche Gegenstände, die nie mitgenommen wurden (Verkaufsschilder, Kamele, ja ganze Schiffe – ein Kamel in der Landefähre, klasse!). Ich denke, dass wir diese Manipulationen in die Rubrik „Scherze" und „kommerzielle Ziele" einordnen können und sie für unsere Betrachtung wegen der leichten Durchschaubarkeit nicht relevant sind. Ich konzentriere mich vielmehr auf Originalaufnahmen, die dem Betrachter fragwürdig erscheinen und die als „Beweis" für eine Mondlandungslüge herangezogen werden.

Fangen wir mit den Eichmarken der Fotoapparate an. Für den Einsatz auf dem Mond hatte die NASA eine Reihe Kameras der Firma *Hasselblad* vorgesehen, die extra für den besonderen Einsatz entwickelt wurden. Die Kameras hatten parallel angeordnete Eichmarken bzw. -linien in ihrer Brennebene, sodass diese Eichmarken in den Bildern als dunkle, scharfe und parallele Striche identischen Abstands zueinander abgebildet wurden. Sie dienten bei der Bildauswertung zur Bestimmung von Abständen auf dem Mond, weil nicht zu erwarten war, dass Distanzen und Proportionen ohne bekannte Eichmarken leicht zu bestimmen waren (siehe Kapitel 6). Man findet daher auf allen Originalfotos diese Eichmarken als Gitternetzwerk abgebildet[20].

Interessanterweise finden sich einige Bilder, bei denen bei genauerer Betrachtung etwas nicht stimmt. Die Eichmarken, die ja in der Brennebene des Films eingefügt wurden, werden von hellen Gegenständen in der Szene scheinbar abgedeckt. In einem Fall ist eine Eichlinie durch einen weißen Streifen in der US-Flagge unterbrochen, in einem andern Fall scheinen

---

[20] Die Kameras besaßen übrigens keinen Sucherschacht und die Astronauten konnten keine Objekte anvisieren.

Abb. 7.1:   Charkes Duke am Rover von *Apollo 16*. Die Ausschnittvergrösserung zeigt die S-Band-Antenne, die eine Eichmarke „verdeckt". Foto: NASA/J. Young. Nr.: AS16-107-17446.

verschiedene weiße Antennen die Eichlinien abzudecken. Das sollte eigentlich unmöglich sein. Wie kann eine Eichmarke in der Brennebene der Kamera hinter (!) dem fotografierten Gegenstand abgebildet sein? Daher der Einwand: **Eichmarken in der Kamera können nicht durch Gegenstände in den Szenen abgedeckt werden, daher wurden die Bilder manipuliert.**

Eine Überprüfung des Sachverhalts erscheint auf den ersten Blick problematisch. Wie soll man Fotographien prüfen, die vor mehreren Jahrzehnten irgendwo rund 300 000 Kilometer von der Erde entfernt aufgenommen wurden? Um darauf eine Antwort zu finden, spricht jedoch wiederum nichts gegen ein Experiment auf der Erde, wie in Kapitel 4. Auf der Erde haben

Abb. 7.2: Hochaufgelöste Originalversion des vorherigen Fotos. Die Ausschnitt-vergrösserung zeigt wieder die S-Band-Antenne, die eine Eichmarke „verdeckt". Foto: NASA/J. Young. Nr.: AS16-107-17446.

wir im Gegensatz zum Mond zwar eine Atmosphäre, ansonsten herrschen bezüglich der Fotos jedoch identische Bedingungen. Daher sind die Verhältnisse auf der Erde direkt auf den Mond übertragbar. Genau wie die Astronauten auf dem Mond fotografieren wir dazu sehr helle Gegenstände. Nachdem wir das gemacht haben, stellen wir schnell fest, dass helle Flächen dazu neigen, schwache Bereiche am Rand zu überstrahlen. Es ist sehr viel schwieriger einen dünnen Gegenstand wie einen Faden vor einem hellen Hintergrund abzubilden, als wenn er vor einem dunkleren Hintergrund platziert wird. Und wenn der Faden vor einem Muster mit sehr hellen und weniger hellen Streifen abgebildet wird, wird dieser Faden vor den hellen Streifen scheinbar

Abb. 7.3: Zwei Aufnahmen des Taurus-Littrow-Gebirges von *Apollo 17* mit und ohne Landefähre. Fotos: NASA/G. Cernan. Nr.: AS17-134-20508 und AS17-140-21500.

unterbrochen sein. Der helle Hintergrund überstrahlt den Faden. Hierbei handelt es sich nicht um eine Manipulation des Bildes, sondern um den Effekt des starken Kontrastes. Dies findet sich übrigens analog bei der menschlichen Wahrnehmung mit dem Auge. Wenn Sie in einen starken Scheinwerfer blicken, ist es nahezu unmöglich, feine Strukturen zu unterscheiden[21].

Ein weiterer Einwand: **Die Eichmarken verschwinden auch auf Aufnahmen, die keinerlei hell strahlende Flächen abbilden.** Als „Beweis" werden Aufnahmen aus dem Internet vorgelegt. Ich habe mir angewöhnt, zunächst das digitale Bildformat zu prüfen. In fast allen Fällen liegen die Bilder im sogenannten JPEG-Format vor. Diese von der Joint Photographic Experts Group (JPEG) entwickelte Bildnorm beschreibt ein Bildkompressionsverfahren, mit dem Bilder großen Datenumfangs für das Internet nutzbar gemacht werden. Dieses Format hat jedoch den Nachteil, dass dessen Kompressionsverfahren zwar einstellbar, aber je nach verfügbarem Speicherplatz verlustbehaftet arbeitet und auf Kosten von Bilddetails durchgeführt wird. Feine Details gehen bei starker Datenkompression für das Internet verloren. Will man hochaufgelöste Bilder der Missionen untersuchen, sollte man sich die entsprechenden Bilder auf den Webseiten der NASA in hoher Auflösung besorgen und nicht komprimierte Versionen, um den Download zu beschleunigen. Dabei muss man bedenken, dass auch die hochaufgelösten Aufnahmen

---

[21] Dieses Kontrastproblem ist auch ein fundamentales Problem bei der Suche nach extrasolaren Planeten in der Astronomie. Der überaus helle Stern überstrahlt seine ganze Nachbarschaft, sodass äußerst lichtschwache Planeten in diesem Licht förmlich untergehen.

Abb. 7.4: Aufnahme vom Geologen Jack Schmitt an „Tracys Rock" sowie eine Ausschnittvergrösserung des rechten Bildfeldes. Foto: NASA/G. Cernan. Nr.: AS17-140-21496.

schon durch das Scannen der analogen Originalaufnahmen eine Reduzierung der Bildqualität erlitten haben. Die Geschichte einer Aufnahme ist wichtig, und wenn diese Geschichte unbekannt ist, also was der bisherige Halter der Bilder mit diesen vorher angestellt hat, ist Vorsicht bei der Bewertung angebracht.

Einer völlig anderen Analyse bedürfen die Aufnahmeserien mit verschiedenen Vordergrundszenerien, jedoch scheinbar identischem Hintergrund. Das ist zunächst keine Besonderheit, können die Astronauten doch aktiv jede Szene verlassen – kein Problem. Doch wenn mehrfach die ganze Mondfähre abgebildet ist und in einem anderen Bild mit dem selben Hintergrund bei gleichen Proportionen die Fähre verschwunden ist, scheint hier ein Problem vorzuliegen. Ein bekanntes Beispiel ist ein Bild der Mondfähre von *Apollo 17* im Vordergrund vor einigen Hügeln. Ein zweites Bild zeigt exakt die gleiche Szenerie, nun allerdings ohne die Fähre. Weder die Hügel noch deren Perspektive haben sich irgendwie verändert, nur die Fähre fehlt plötzlich. Wie kann das sein? Wo ist die Fähre geblieben, obwohl sich an dem Bild sonst nichts geändert hat? Wie kann ein und dieselbe Szene einmal mit und einmal ohne Fähre aufgenommen werden? **Offenbar wurden versehentlich entscheidende Studioaufnahmen veröffentlicht, bevor die Fähre in die Szene geschoben werden konnte.**

Um die Situation genauer zu betrachten, gehe ich wieder zurück auf die Erde. Diesmal jedoch werde ich die Unterschiede zum Mond

Abb. 7.5: Teleaufnahme der Ausschnittvergrösserung von AS17-1140-21496 mit der Monfähre in rund zwei Kilometern Entfernung. Foto: NASA/G. Cernan. Nr.: AS17-139-21204.

berücksichtigen. Fahren Sie einmal nach Köln und sie werden feststellen, die Einwohner der Stadt sind stolz auf ihre mittelalterliche Kathedrale, den Dom. Auf seinem Südturm in 97 Metern Höhe befindet sich eine Aussichtsplattform, von der man einen wunderbaren Blick auf die Umgebung der Stadt genießen kann[22]. Weit im Süden kann man bei klaren Tagen das Siebengebirge bei Bonn sehen, und ein beliebtes Spiel ist die Schätzung der Entfernung zu diesem Gebirge. Die Schätzungen sind in der Regel gar nicht schlecht (es sind knapp 35 km). Der Grund für die guten Schätzungen liegt

---

[22] Zufälligerweise befand sich in dieser Höhe auch die Kommandokapsel auf der *Saturn-V*-Mondrakete. Wer einmal auf dem Südturm des Doms gestanden hat, kann damit einen Eindruck von der enormen Größe dieser Maschine gewinnen.

zum einen am Dunst in der Luft, der uns durch die Eintrübung der Berge sagt, dass sie doch ein gutes Stück entfernt sein müssen und uns einen ungefähren Entfernungseindruck vermittelt sowie zum anderen an Objekten (z. B. Gebäuden) im Vordergrund, die wir zu einem Größenvergleich heranziehen können. Fehlen der Dunst und diese Vergleichsmöglichkeiten, ist eine Entfernungsschätzung sehr schwierig. Dies merkt man schnell, wenn man beeindruckende Bilder von den Alpen betrachtet, darauf weder Menschen noch Häuser oder irgendwelche Anhaltspunkte abgebildet sind und sich die Alpen dann in Wirklichkeit als Urlaubsfotos des Himalaya entpuppen. Fotografien erschweren eine gute Schätzung besonders, da wir keine Informationen über die benutzten Objektive und ihre Brennweiten besitzen[23] und im Verhältnis zur Entfernung „einäugig schauen", wie im vorherigen Kapitel schon erläutert. Oft erscheinen z. B. die Sonne oder der Mond am Horizont auf Bildern sehr viel größer als in der Realität. Ein schönes Beispiel ist das Filmplakat von *E. T. — Der Außerirdische*, auf dem der Kinderheld mit seinem Fahrrad vor einem riesigen Mond abgebildet ist. Solche Fotos von einem riesigen Mond am Horizont kann jeder machen, indem man ein Teleobjektiv mit großer Brennweite benutzt.

All das passiert bei den Bildern der Fähre von *Apollo 17*. In Wirklichkeit wurde die Fähre nicht verschoben, sondern man kann mit Hilfe weiterer Bilder der Mission zeigen (sie stehen auf den NASA-Servern jedem zur Verfügung), dass sie bei bei dem Foto, auf dem sie nicht abgebildet ist, rund drei Kilometer entfernt steht. Der Grund, warum sich der Hintergrund nicht verschoben hat, liegt schlicht daran, dass die Hügel im Hintergrund in Wirklichkeit das Taurus-Littrow-Gebirge mit bis zu 3000 Meter hohen Gipfeln ist und mehrere Dutzend Kilometer entfernt liegt. Eine fremde Umgebung ohne Vergleichsmöglichkeiten macht es sehr schwer, Entfernungen richtig einzuschätzen. Wenn darüber hinaus noch eine Atmosphäre fehlt und die Kameraparameter unbekannt sind, sind verlässliche Schätzungen so gut wie unmöglich.

Um also Bilder der Mondlandung bewerten zu können, ist es nötig, mehr als nur einzelne Aufnahmen zu betrachten. Man muss sie in ihrem gesamten Kontext analysieren. Dazu gehören die Bildhistorie und die Technik genauso wie die Umgebungsbedingungen. Tut man das nicht, kann man leicht in die Irre geführt werden.

---

[23] Für die Hasselblad-Kameras auf dem Mond entwickelte die Firma ZEISS das Objektiv *Biogon 5,6/60 mm* mit sehr hohem Kontrast und Schärfe bei maximaler Verzeichnungsfreiheit.

8

Alles in Zeitlupe?

Der Mond ist deutlich kleiner als die Erde und daher ist die Anziehungskraft entsprechend geringer. Auf dem Mond wiegt alles rund sechsmal weniger als auf der Erde. Die sich daraus ergebenden zeitlupenähnlichen Bewegungen sind also keine Überraschung und fallen in den Film- und Fernsehaufnahmen sofort auf. Die physikalische Tatsache geringerer Gravitation wird allseits akzeptiert, auch von den Mondlandungszweiflern. Allerdings werfen Skeptiker ein: **Alle Filme wurden in Studios auf der Erde aufgenommen und der Öffentlichkeit nun in Zeitlupe gezeigt, um so eine geringere Schwerkraft zu simulieren.**

Dieser Trick wurde in dem Hollywood-Spielfilm *Unternehmen Capricorn* aus dem Jahr 1978 spannend und sehr suggestiv dargestellt, und der Gedanke, dass die NASA das genau so gemacht haben könnte, ist absolut nachvollziehbar. Dies besonders angesichts der alltäglichen Zeitlupen bei diversen Sportübertragungen im Fernsehen. Dort fliegen ja auch Menschen oft spektakulär verlangsamt durch die Luft. Die allerwenigsten Menschen fragen sich hingegen, ob man eigentlich die verringerte Schwerkraft auf dem Mond *prinzipiell* mit einer Zeitlupe simulieren kann. Zur Beantwortung dieser Frage stehen uns immerhin viele Filmaufnahmen zur Verfügung. Und diese Filme von scheinbar verlangsamten Bewegungen zeigen nicht nur einfache Hüpfbewegungen der Astronauten, sondern komplexe motorische Zusammenhänge, die alle in ihrer Gesamtheit und schlüssig simuliert werden müssten. Die Originalaufnahmen bieten also einen umfangreichen Informationsfundus, der zur Prüfung obiger Behauptung gut geeignet ist. Man mag nun einwenden, dass die Führung eines Gegenbeweises unabhängig von den Daten der NASA durchgeführt werden sollte. Doch genau das Gegenteil ist der Fall: Die Aufnahmen der NASA werden in Zweifel gezogen und daher müssen wir diese auch zur Prüfung heran ziehen.

Abb. 8.1:   John Young springt beim Salutieren vor der Flagge in die Höhe. Foto: NASA/C. Duke. Nr.: AS16-113-18339.

Der Sprung von John Young.
http://www.youtube.com/moonchecker.

Eine zur genauen Betrachtung ideal geeignete Szene ist eine Sequenz von *Apollo 16*. Der Astronaut John Young steht neben der US-Flagge vor der Mondlandefähre und wird von seinem Kopiloten Charles Duke gefilmt. Patriotisch begeistert fordert er Young auf, militärisch neben der Flagge zu salutieren. Das tut John Young auch, springt dabei jedoch gleichzeitig in die Höhe und landet wieder auf den Füßen (die Fahne hat sich bei dieser Sequenz übrigens nicht bewegt). Die Sprunghöhe und -dauer ist nun der Ansatz unserer Überlegungen. Der Sprung des Astronauten ist nichts anderes als ein physikalisches Experiment in einem Gravitationsfeld. Schüler kennen diesen Versuch als „Der senkrechte Wurf". Attraktiv ist dieser Versuch deshalb, weil er verschiedene das Ergebnis beinflussende Parameter (Gravitation, Sprunghöhe, Flugdauer) miteinander verknüpft. Diese Verknüpfung gelang erstmalig Isaac Newton im Jahr 1687, und da dieses Gesetz nicht nur wohlbekannt, sondern eines der Fundamente der modernen Wissenschaft ist, setze ich voraus, dass es auch von kritischen Zweiflern nicht in Frage gestellt wird.

Zunächst prüfen wir, ob der Sprung auf der Erde überhaupt in dieser Form bei einer Zeitlupe möglich wäre. Mit Youngs bekannter Körpergröße kann man abschätzen, dass er etwa 44 Zentimeter hoch gesprungen ist. Dies allein wäre angesichts eines Sprungs von sandigem Boden, ohne Anlauf und ohne dabei in die Hocke zu gehen, auf der Erde eine außergewöhnliche Leistung. Durchtrainierte Skispringer kommen beim Sprung aus der Hocke auf maximal rund 50 Zentimeter, und die persönliche Bestleistung des berühmten Skispringers Sven Hannawald für einen Sprung aus den Knien liegt bei 51,6 Zentimeter. Diese Marke wird nur von Hochspringern und Tänzern aus vollem Anlauf übertroffen. Man darf also davon ausgehen, dass ein solcher Sprung aus den Knien, wie der von Young, auf der Erde völlig unmöglich ist – versuchen Sie es doch selbst einmal. Dies gilt besonders, wenn auch noch ein lebensnotwendiger Versorgungsrucksack auf dem Rücken getragen werden muss. Viele NASA-Kritiker argumentieren nun, dass der Rucksack gar nicht so schwer war wie behauptet, sondern lediglich ein hohles Gestell aus Leichtmetall mit einem Stoffüberzug (ein Versorgungsrucksack ist in einem Studio unnötig). Allerdings bleibt das Problem, dass auch mit einem gewichtslosen Rucksack, verbunden mit einem ebenfalls gewichtslosen, aber recht sperrigen Raumanzug, ein 40-Zentimeter-Sprung aus einem sandigen Untergrund eine spektakuläre Leistung wäre. Man könnte nun wiederum einwenden, dass die Astronauten ja durchtrainierte Piloten waren und ein solcher Sprung durchaus möglich sei, ja dass die Personen in den Anzügen in Wirklichkeit keine Astronauten, sondern Sportler waren. Doch auch dieses Argument ist angesichts der Leistung von Sven Hannawald nicht sehr stark.

Wir merken: Ein „Ping-Pong" der Argumente hilft bei der Wahrheitsfindung nur bedingt weiter, daher gehen wir der Einfachheit halber von einem Sportler aus, der in Sportkleidung springt, keinen Versorgungsrucksack tragen muss und dann tatsächlich die Sprunghöhe von etwa 44 Zentimetern erreicht (ob mit oder ohne Anlauf spielt hier keine Rolle). Wir untersuchen nun, um wieviel langsamer der Film abgespult werden müsste, um die Mondaufnahmen zu simulieren. Dabei betrachten wir nicht nur die Sprunghöhe, sondern den gesamten Sprung, also auch die Zeit, die dafür nötig ist. Mit einfachen physikalischen Betrachtungen (Stichwort: „Der senkrechte Wurf") und etwas Rechnerei mit dem Taschenrechner stellt man fest, dass die Prozedur auf der Erde vom Absprung bis zur Landung genau 0,6 Sekunden dauern müsste. Im Film hingegen dauert die Sequenz 1,47 Sekunden. Das heisst also, der Film muss um den Faktor 1,47 dividiert durch 0,6, also um den Faktor 2,45 langsamer abgespult werden.

Das ist ein zunächst wichtiges Ergebnis, weil manche Zweifler behaupten, dass die Bewegungen der Astronauten ganz natürlich erscheinen würden, wenn die Filme mit 2-facher, also doppelter, Geschwindigkeit abgespielt werden. Nun stellen wir jedoch überraschend fest, dass es nicht einer 2-fachen sondern einer 2,45-fachen Geschwindigkeit bedarf. Dieser aus der Filmsequenz erlangte Unterschied erscheint auf den ersten Blick vernachlässigbar, ja beinahe kleinlich. Indes ist er ein erster Hinweis für die Realität der Mondlandung. Die Zahl 2,45 ist nämlich die Wurzel aus 6. In die physikalische Beziehung zwischen Sprunghöhe und Beschleunigung gehen die jeweiligen Sprungzeiten bei verschiedenen Anziehungskräften quadratisch ein[24]. Da auf dem Mond die Anziehungskraft nur ein Sechstel der auf der Erde beträgt, ist daher das Ergebnis von Wurzel aus 6, also 2,45, sogar zwingend erforderlich, und glücklicherweise haben wir diese Zahl aus dem Film auch herausbekommen. Unbewusst haben John Young und Charles Duke mit ihren Scherzen einen von anderen Messungen völlig unabhängigen Versuch zur Bestimmung der Mondmasse durchgeführt und die Stärke der Mondgravitation dabei korrekt bestimmt. Warum der Faktor 2 gern genannt wird, ist unklar, er ist aber falsch und somit ist diese Filmsequenz kein Beweis gegen die Mondlandung. Es stellt sich hingegen eine naheliegende Frage: Wenn diese Szene in Zeitlupe abgespielt wurde, warum waren die Ingenieure dann so schlau, die physikalisch korrekte Zeitlupengeschwindigkeit zu wählen, aber so nachlässig, dass sie die Sterne am Studiohimmel vergaßen?

---

[24] Der bei einer Beschleunigung (senkrechter Sprung) zurückgelegte Weg s ($s = 2 \cdot h$, mit der Sprunghöhe h) errechnet sich zu $s = \frac{1}{2} \cdot a \cdot t^2$ mit der Beschleunigung $a = 9,81\ m/s^2$ und der Flugzeit t. Durch einfaches Umstellen nach der Zeit t ergibt sich $t = \sqrt{2s/a}$. Da auf dem Mond die Beschleunigung a jedoch sechs Mal geringer ist als auf der Erde, ergibt sich für das Zeitverhältnis zwischen Erde und Mond die Wurzel aus 6 und somit 2,45.

Nachdem wir nun also die Geschwindigkeit bestimmt haben, um wieviel langsamer ein auf der Erde gedrehter Film abgespielt werden müsste, um die Sprungdauer auf dem Mond zu simulieren, können wir alle Filme dieser Prüfung unterziehen. Dazu nehmen wir die Mondfilme und beschleunigen sie um den Faktor 2,45. Wären die Filme tatsächlich auf der Erde aufgenommen worden, müssten wir nun realistische Szenen der Bewegungen erhalten. Wenn man das tut, wird man jedoch sehr merkwürdige Sequenzen erhalten. Wie gefordert, müssen mit den beschleunigten Filmen nun alle Bewegungszusammenhänge vernünftig abgebildet werden können, also auch solche, die der Schwerkraft überhaupt nicht unterliegen. Dies können z.B. Armbewegungen sein. In der angesprochenen Filmsequenz salutiert Young vor der Flagge. Doch dieser Salut erhält bei 2,45-facher Bewegung den Charakter eines Slapstick-Films aus den Anfängen des Kinos, weil die Bewegung des Arms nun zu schnell ist. Young hatte also seinen Arm ganz normal bewegt, wie man in den Originalaufnahmen ohne beschleunigte Wiedergabe auch sehen kann. Dieser Widerspruch ist ein klarer Hinweis darauf, dass die Filme eben nicht langsamer abgespielt wurden und die Sprünge tatsächlich auf dem Mond stattgefunden haben. Darüber hinaus bleibt noch der Sprung von 44 Zentimetern Höhe, den auch ein Spitzensportler in der vorliegenden Form nur schwer durchführen kann. Abgesehen davon würde der Astronaut umgekehrt bei einem Sprung von 1,5 Sekunden Dauer, wie im Film festgehalten, auf der Erde einen Sprung von 2,64 Meter durchführen müssen und damit den Weltrekord im Hochsprung brechen.

Weitere Filmsequenzen werfen die Fragen auf, wie sich die Astronauten bei der Arbeit in kniender Haltung ohne viel Aufwand wieder aufrichten konnten, ohne sich mit den Händen abzustützen. Oder wie ist es möglich, sich aus dem Liegestütz mit etwas Schwung aufzurichten? Während ihres zweiten Ausflugs auf die Mondoberfläche stürzt John Young bei der Messung der Bodendichte mit einem Penetrometer zu Boden. Danach schwingt er sich in einer Art wieder auf die Beine, wie sie auf der Erde ohne Hilfsmittel völlig unmöglich sein dürfte. Selbst wenn diese Sequenz um den korrekten Faktor 2,45 schneller abgespult wird, erscheint sie nun wenig überzeugend. Auch diese Filmaufnahmen sind ein klarer Hinweis darauf, dass es sich bei den Filmen keinesfalls um Zeitlupen handeln kann. Mit Spezieleffekten der 1960er-Jahre oder mit Seilen waren diese Bewegungen unmöglich. Darüber hinaus kann man die Bewegungen des dabei aufgewirbelten Staubs damit ebenfalls nicht erklären.

Der Sturz von John Young.
http://www.youtube.com/moonchecker.

Der Sturz von John Young bei 2,45-facher Geschwindigkeit.
http://www.youtube.com/moonchecker.

Das Zeitlupenargument ist in Wirklichkeit also eines für die Realität der Mondmissionen und nicht gegen sie. Der physikalische Versuch von Young und Duke beweist, dass auf dem Mond nur ein Sechstel der Erdanziehung herrscht, und sie bestätigen damit ein allseits bekanntes Wissen der Physik, hergeleitet aus den Newtonschen Gesetzen. Die Zeitlupenthese hingegen kann in keinster Weise mit Fakten untermauert werden, ist inkonsistent und bei logischer Betrachtung nicht geeignet, die Mondlandung als Lüge hinzustellen.

9

Fernrohre sehen alles

Die Mondmissionen wurden aus technischen und Kostengründen höchst effizient durchgeführt. Um die Dimensionen der Mondrakete in einem realistischen Rahmen zu halten, musste jeder leere Ballast vermieden werden, und so wurde das Prinzip der Raketenstufen entwickelt[25]. Sobald die entsprechenden Treibstofftanks leer waren, wurden diese abgeworfen bzw. zurückgelassen (Raketen sind eigentlich nichts anderes als riesige Treibstofftanks mit einem angeschlossenen Motor). Diese Methode wird noch heute von allen Raumfahrtnationen angewendet und ist aus technischen und finanziellen Gründen alternativlos. Das war auf dem Mond nicht anders, und so wurde die Abstiegsstufe der Mondlandefähre mit ihrem Triebwerk und den Tanks bei der Rückkehr zur Erde als Startrampe genutzt und verblieb auf der Mondoberfläche. Die Abstiegsstufe mit ihren vier ausladenden Spinnenbeinen hat einen diagonalen Durchmesser von immerhin neun Metern. Das Argument lautet nun: **Die Menschen betrachten mit ihren Teleskopen Galaxien in Millionen von Lichtjahren Entfernung. Daher sollte die Mondfähre auf dem Mond problemlos beobachtbar sein. Da aber bisher kein einziger Astronom ein solches Bild liefern konnte, ist die Sache gelogen.**
Dieses Argument ist erstaunlich klar, gut zu verstehen und nachvollziebar – doch es ignoriert nicht nur die Physik optischer Systeme, sondern sogar unsere Alltagserfahrung. Nehmen wir eine Gegenfrage: „Warum kann ich problemlos Strukturen auf dem Mond in 300 000 Kilometern Entfernung sehen und bin trotzdem nicht in der Lage, das Gesicht eines Freundes in nur wenigen hundert Metern zu erkennen?" Die Antwort ist doch klar: „Die Mondstrukturen sind doch auch viel größer!" Na bitte, so einfach ist das! Damit haben wir anhand unserer intuitiven Lebenserfahrung das obige Argument als absurd erkannt.

---

[25] Ohne das Mehrstufenprinzip hätte die Mondrakete die Größe des Empire State Buildings haben müssen und wäre zumindest bis zum Ende der 60er-Jahre keinesfalls geflogen.

Abb. 9.1: Die vier Teleskope des European Southern Observatory (ESO) auf dem Cerro Paranal gehören zu den größten Fernrohren der Welt. Foto: ESO/H.H.Heyer.

Um den Sachzusammenhang verstehen zu können, muss man sich zunächst überlegen, wie die Größen von beobachteten Objekten eigentlich wahrgenommen und bestimmt werden können. Und danach muss man sich Gedanken machen, wo eigentlich die Grenzen des Erkennens liegen. Dazu betrachten wir die Physik des Lichts und seiner Ausbreitung. Keine Angst, ich rede jetzt nicht über die auch für Physiker schwer zu verstehende Wellenmechanik von Photonen – uns interessiert hier nur die Geometrie der Lichtausbreitung. Wenn wir großräumige, also makroskopische *Winkelausdehnungen* betrachten (z. B. die Ausdehnung des Mondes oder von Galaxien), können wir die klassische geometrische Optik heranziehen, bei der es ganz wie in der Schule mit dem Geodreieck um trigonometrische Messungen (wir erinnern uns an den Sinussatz, Kosinussatz usw.) geht. Wenn wir hingegen mikroskopische Winkelausdehnungen untersuchen wollen und dann fragen, wie klein darf ein Objekt denn überhaupt sein, um Details (z. B. ein Gesicht in der Nähe oder eine Mondfähre auf dem Mond) erkennen zu können, müssen wir nach dem optischen *Auflösungsvermögen* fragen. Das jedoch hängt offensichtlich von der Betrachtungsoptik ab, denn mit einem Hilfsmittel wie einem Fernrohr können wir Details in der Ferne ja offenbar besser erkennen als ohne.

Abb. 9.2: Die Spiralgalaxie *Messier 51* in den *Jagdhunden*, aufgenommen mit dem Hubble Space Telescope. Foto: Hubble/ESA – Hubble Space Telescope/Nr. heic0506a.

1. **Winkelausdehnung** – Wenn man sich einen Gegenstand in einiger Entfernung anschaut, so erhält man mit dieser Betrachtung prinzipiell keine Information über die geometrische Ausdehnung des Objekts, also über dessen wahre Größe. Nehmen wir als Beispiel ein Auto in 1000 Meter Entfernung. Selbstverständlich wissen wir, wie groß ein Auto ist, doch dies nur aus direkter Erfahrung. Für die Wahrnehmung spielt es hingegen keine Rolle, ob ein echtes Auto in 1000 Meter Entfernung steht oder ein Spielzeugauto, welches 100 Mal kleiner ist, aber auch 100 Mal näher steht, also in zehn Meter Entfernung. Bei der richtigen Wahl von Entfernung und Größe erscheinen beide Autos gleich groß. Versuchen Sie es einmal selbst und halten Sie einen Stab am ausgestreckten Arm vor ein Auge (das andere Auge schließen Sie am besten). Nun positionieren Sie mit der anderen Hand einen zweiten, aber halb so langen Stab zwischen Ihren Augen und dem längeren Stab und versuchen die Distanz zwischen Ihren Augen und dem kürzeren Stab zu finden, bei dem der kurze Stab den langen Stab genau bedeckt. Wenn Sie das geschafft haben, werden Sie feststellen, dass der Abstand *Auge – kurzer Stab* genau halb so lang ist, wie der Abstand *Auge – langer Stab*. Obwohl beide Stäbe unterschiedliche Größen besitzen,

erscheinen sie gleich lang. Mit diesem einfachen Versuch wird klar, dass die wahre Größe beobachteter Objekte nur bestimmt werden kann, wenn man nicht nur den Blickwinkel berücksichtigt, sondern auch die Entfernung zu dem Objekt kennt[26].

2. **Auflösungsvermögen** – Jede Optik, ob das Auge oder ein großes Teleskop, kann zwei nebeneinander stehende Gegenstände auch als zwei getrennte Gegenstände erkennen, wenn diese beiden Gegenstände nur weit genug auseinander stehen. Auch hier geht es wieder um die Winkelausdehnung, diesmal um den Winkelabstand zweier Gegenstände, die das Auge oder das Teleskop gerade noch als zwei Gegenstände erkennen kann. Dieses sogenannte Auflösungsvermögen ist ein Effekt der Wellennatur des Lichts und wird allein vom Durchmesser der Pupille bzw. der Teleskopoptik bestimmt, durch nichts sonst.

Betrachten wir einmal das menschliche Auge. Es hat einen Pupillendurchmesser, der sich automatisch an die Helligkeit anpasst. Schauen wir in grelles Licht, ist die Pupille sehr klein, sonst würden wir sofort geblendet. Im Dunkeln öffnet sie sich jedoch langsam und nach einigen Minuten hat sie ihre maximale Größe erreicht – es sind sechs Millimeter. Damit sind wir in der Lage, in 100 Metern Entfernung zwei getrennte Gegenstände auch als getrennt wahrzunehmen, die nicht enger als rund zehn Zentimeter auseinander stehen. Moderne Großteleskope sind bis zu 2000 Mal größer als die Augenpupille und können, um bei unserem Beispiel zu bleiben, in 100 Metern Entfernung Gegenstände optisch trennen, die 50 Mikrometer voneinander entfernt stehen. Das ist die Dicke eines Haares – Wahnsinn! Der entscheidende Punkt dabei ist, dass das Auflösungsvermögen immer als Winkel ausgedrückt werden muss. Der aber bleibt für ein und dieselbe Optik (Auge oder Fernrohr) immer gleich. Eine Aussage über die räumliche Trennung von Objekten, muss sich also immer auf die entsprechende Entfernung beziehen, und damit kommt der erste Punkt ins Spiel, die Winkelausdehnung. Mein Auge kann in 100 Metern Entfernung zwar Gegenstände trennen, wenn sie rund zehn Zentimeter nebeneinander stehen. Bei einer Entfernung von 1000 Metern sind das aber dann schon 100 Zentimeter.

Man stellt schnell fest, dass die größten Teleskope der Welt zwar Galaxien in Distanzen von vielen hundert Millionen Lichtjahren Entfernung abbilden können, jedoch nur ein räumliches Auflösungsvermögen besitzen, welches auf die Galaxien bezogen einige tausend Lichtjahre beträgt. Das ist so riesig, dass es unmöglich ist, Sternhaufen in ihre einzelnen Sterne zu zerlegen. Völlig hoffnungslos wird es, wenn man sogar Sternsysteme mit Planeten in

---

[26] Wir haben mit diesem kleinen Versuch den aus der Elementargeometrie bekannten Strahlensatz benutzt.

diesen weit entfernten Galaxien auflösen möchte, deren Durchmesser mehrere Millionen Mal (!) kleiner ist als das Auflösungsvermögen des Teleskops.

Wenn wir diesen nicht zu umgehenden Sachverhalt (die Natur lässt sich nicht betrügen) auf den Mond anwenden, bedeutet dies ein Auflösungsvermögen von rund 20 Metern. Wir können also auch mit den größten Teleskopen der Welt die Mondfähre und die dort liegende Ausrüstung nicht als solche erkennen. Selbst mit einem Fernrohr von 40 Meter Durchmesser, wie aktuell in Planung, würde die Mondspinne nur als unscharfer Fleck abgebildet werden können und jeder Beobachter müsste mit dem Vorwurf rechnen, dass die Fotos nichts aussagen.

Die Schlussfolgerung, dass man auf dem Mond einen Gegenstand sehen müsste, wenn man schon weit entfernte Galaxien abbilden kann, hat keine physikalische Begründung. Sie ist falsch!

10

Vorsicht! Radioaktive Strahlung!

Das Weltall ist kein freundlicher Ort. Luft zum Atmen muss man mitbringen, und gegen die allzeit und mit großen Geschwindigkeiten umherfliegenden Mikrometeoriten sollte man sich durch einen stabilen Raumanzug schützen. Beide Probleme lassen sich jedoch halbwegs mit Raumkapseln lösen, die heutzutage sogar einen sehr teuren, jedoch recht angenehmen Standard (akzeptables Essen, Bademöglichkeiten und Toiletten, Schlafgelegenheiten) anbieten[27]. Auf eine Hotelbar muss zwar immer noch verzichtet werden, doch das sollte für eine begrenzte Zeit auszuhalten sein.

Ein Bedrohung ganz anderen Kalibers kann man jedoch weder sehen noch fühlen oder schmecken – es ist die Radioaktivität. Im Weltall wimmelt es nur so von energiereicher Strahlung und Teilchen, deren Ursprung in den Tiefen des Universums teilweise ungeklärt ist. Gut geklärt hingegen ist deren Wirkung auf den biologischen Organismus. Setzt man sich energiereicher Strahlung zu lange aus, führt dies zu ernsthaften gesundheitlichen Schäden und sogar zum Tod. Die für uns stärkste Quelle dieser Strahlung ist die Sonne, deren sporadisch auftretende Ausbrüche bei Raummissionen von der NASA genau beobachtet und deren Entwicklung auf dem Weg zur Erde akkurat verfolgt werden. Die Aktivität dieser Sonnenausbrüche schwankt zyklisch mit einer Periode von rund elf Jahren und alle Mondflüge wurden ausgerechnet während eines Ausbruchsmaximums durchgeführt – Kennedy war kein Sonnenphysiker. Das Risiko eines starken Ausbruchs während des Flugs zum Mond war also sehr hoch. Die NASA gibt offen zu, dass alle Astronauten daher ein hohes Risiko für ihre Gesundheit, ja ihr Leben eingegangen sind. Das gilt für die allermeisten Pionierexpeditionen. Die Gruppe um Roald Amundsen musste auf ihrem Weg zum Südpol genauso mit der Todesgefahr umgehen wie Edmund Hillary und Tenzing Norgay auf ihrem Weg auf den Mount Everest.

---

[27] Zu Zeiten der Mondlandung gab es an Bord noch keine Toiletten. Die menschlichen Dringlichkeiten wurden unter abenteuerlichen Bedingungen mit Plastiktüten gelöst.

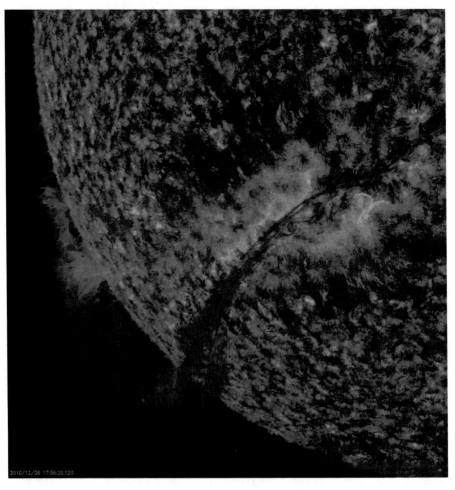

2010/12/06 17:56:20.120

Abb. 10.1: Foto eines Sonnenausbruchs, aufgenommen vom Solar Dynamics Observatory der NASA am 6.12.2010. Foto: NASA/SDO.

Eine besonders unangenehme Gegend ist der Strahlungsgürtel der Erde, welcher nach seinem Entdecker auch Van-Allan-Gürtel genannt wird. Dieser Strahlungsbereich besteht aus zwei Schichten, der die gesamte Erde in Höhen zwischen etwa 700 und 6000 Kilometer sowie zwischen 15 000 und 25 000 Kilometer umgibt. Er schützt die Erdbewohner vor den gefährlichen Sonnenausbrüchen und ohne ihn gäbe es wahrscheinlich kein Leben auf der Erde. Der Gürtel wird durch das Erdmagnetfeld erzeugt und beinhaltet eine besonders hohe Konzentration energiereicher Teilchen, sodass ein zu langer Aufenthalt in diesem Gebiet ernste gesundheitliche Folgen hätte. Und das auch, wenn die Sonnenaktivität gerade in einem Minimum steht.

Wie radioaktive Strahlung auf den menschlichen Organismus wirkt, wissen wir von den Atombombenabwürfen über Japan sowie von den späteren Atomtests.

Wenn man von der Erde zum Mond fliegen möchte, muss man den Van-Allen-Gürtel zwangsläufig durchqueren und sollte dabei hohe Strahlungsdosen möglichst vermeiden. Das Argument: **Wegen der starken Strahlung im Van-Allen-Gürtel wären dort alle Mondastronauten tödlichen Strahlungsdosen ausgesetzt. Ein Flug zum Mond ist daher grundsätzlich unmöglich.**

Natürliche radioaktive Strahlung tritt auch auf der Erde auf. Ursache sind geologische Quellen, wie z. B. Radongas und Kalium. Die Energiedeponierung im Körper und die damit verbundene schädliche Wirkung hängt dabei von der Dosis (Energiestärke) und der zeitlichen Dauer ab, in der man dieser Strahlung ausgesetzt ist. Da natürliche Strahlungsquellen nur geringe Energien besitzen, können Menschen problemlos mit ihnen leben. Anders ist das in Bereichen, wo hohe Strahlungswerte auftreten – bestimmte Bereiche der Atomindustrie, in der Strahlenmedizin oder eben im Van-Allan-Gürtel. Hier sollte tunlichst darauf geachtet werden, dass man der Strahlung nicht zu lange ausgesetzt ist.

Ich höre immer wieder, dass für einen wirksamen Schutz vor der Strahlung dicke Bleiwände nötig seien. So ungefähr stellen sich das verständlicherweise die meisten Menschen vor, weil sie keine Kenntnis von Kernphysik besitzen. Der Sonnenwind besteht im Wesentlichen aus Heliumkernen, Protonen und Elektronen. Alle Teilchen haben im Gegensatz zu elektromagnetischen Wellen hoher Energie sehr geringe Eindringtiefen, wenn sie auf Material stoßen. Es reicht daher völlig aus, die Wirkung durch dünne Materialschichten in Grenzen zu halten, wie es bei *Apollo* im Notfall auch geplant war. Im Falle eines Sonnenausbruchs hätte man die dicksten Wandteile bzw. Treibstofftanks der Raumkapseln in Richtung des auftreffenden Sonnenwinds gedreht. Abschirmendes Blei ist nur nötig, wenn man mit harter elektromagnetischer Strahlung, sogenannte Gamma-Strahlung, umgeht, deren Eindringtiefe sehr hoch ist. Ein typisches Beispiel ist die Röntgenaufnahme beim Arzt. Doch harte Gamma-Strahlung ist bei der Sonne vernachlässigbar und daher ist Blei zum Schutz vor Strahlung bei Raumflügen unnötig.

Die Stärke radioaktiver Strahlung wird in unterschiedlichsten Einheiten ausgedrückt. Das Dosisäquivalent „Sievert" berücksichtigt dabei die biologische Wirksamkeit und wird für Strahlungsdosen bei Menschen genutzt. Es eignet sich gut zur Bewertung von Strahlung und ihrer schädlichen Wirkung und ist die übliche Einheit in der Medizin. Unglücklicherweise sind Einheiten aus der Nuklearphysik für den Menschen unanschaulich, da er sie nicht wahrnehmen kann. Trotzdem sollte man sich immer klar machen, dass starke radioaktive Strahlung fatale Wirkung entfalten kann und die Strahlungswirkung mit der Zeit vom Körper nicht abgebaut wird[28].

Kommen wir damit also zurück auf die Behauptung, dass man im Van-Allen-Gürtel eine tödliche Strahlendosis erhält, und schauen uns ein paar Vergleichswerte an.

- 0,5 Millisievert (0,0005 Sv) beträgt maximal die jährliche Strahlendosis aus dem All.
- 2 Millisievert (0,002 Sv) erhalten Bundesbürger typischerweise pro Jahr durch künstliche Strahlenquellen (z. B. durch Röntgenstrahlen). Die gesetzliche Maximaldosis beträgt 20 Millisievert, was statistisch immerhin bedeutet, dass von 1000 Einwohnern einer an Krebs erkrankt.
- 9 Millisievert (0,009 Sv) Gesamtdosis erhielten die Astronauten der längsten *Apollo*-Mission (*Apollo 17*, 302 Stunden Flugdauer).
- 20 Millisievert (0,02 Sv) ist die jährliche Grenzdosis in Deutschland sowie die mittlere Dosis, die Verkehrsflugpersonal in rund zehn Jahren aufnimmt.
- 50 Millisievert (0,05 Sv) ist der stündliche Spitzenwert innerhalb des Van-Allen-Gürtels hinter drei Millimeter starkem Aluminium.
- 400 Millisievert (0,4 Sv) ist die maximal zulässige Dosis der Lebensarbeitszeit in Deutschland sowie der Astronauten der NASA, also 20 Mal die jährliche Grenzdosis. Damit erhöht sich das statistische Krebsrisiko auf 20 pro 1000 Einwohner.
- 2000 Millisievert (2 Sv) betrug die Dosis bei der Atomexplosion über Hiroshima in einem Umkreis von 1500 Metern. Etwa 20 % aller Menschen, die dieser Dosis ausgesetzt werden, sterben danach (in diesem Abstand zum Explosionsort starben jedoch schon 90 % der Betroffenen an der direkten Explosionswirkung der Bombe).
- Erhält ein Mensch mehr als 10 000 Millisievert (10 Sv), wird er mit Sicherheit sterben. Dies gilt z. B. für den 30-km-Radius der stark belasteten Regionen um das Atomkraftwerk von Tschernobyl, wenn man sich dort ein Jahr aufhalten sollte.

Diese Zahlen zeigen, dass selbst die Astronauten der längsten Mondmission deutlich weniger Strahlung abbekommen haben, als sie in Deutschland pro Jahr zulässig ist. Einen Spitzenwert von etwa 55 Millisievert erhielt die Besatzung von *Saljut 6* bei ihrem Flug von 4700 Stunden Dauer, also beinahe die dreifache Maximaldosis für ein Jahr in Deutschland. Kein Einziger

---

[28] Aus Spaß an der Sache habe ich mir angewöhnt, meine Ärzte und Ihre Mitarbeiter nach der Strahlendosis zu fragen, wenn ich geröntgt werden soll. Ich erzeuge mit dieser Frage regelmäßig Unruhe und Betriebsamkeit. Eine Radiologieassistenz meinte sogar einmal, die Strahlung würde sich mit der Zeit „abbauen". Ich habe danach den Arzt gewechselt.

aller russischen oder amerikanischen Astronauten hatte signifikante Strahlenschäden. Astronauten werden beim Durchfliegen des Van-Allen-Gürtels also nicht tödlich verstrahlt. Da die Himmelsmechanik einen schnellen Durchflug durch den Gürtel nötig macht (rund eine Stunde), um den Mond in wenigen Tagen überhaupt erreichen zu können, kann hier von einer besonderen Gefahr für die Mondfahrer nicht gesprochen werden.

11

Zu heiß – zu kalt

Der Mond hat keine Atmosphäre und der Mondtag ist lang. Die Sonnenstrahlung fällt während eines zwei Erdwochen langen Mondtages ungehindert auf die Oberfläche und heizt sie auf deutlich über 100 Grad Celsius auf. Eine Wüste unter extremen Bedingungen. Um den Menschen in dieser Umgebung zu schützen, war und ist noch heute jeder Raumanzug eigentlich ein Klimaschrank mit einem Fenster zum Herausschauen. Doch nicht nur der Mensch muss durch Lebenserhaltungssysteme besonders geschützt werden. Auch die Gegenstände, die er auf den Mond mitgebracht hatte, mussten die Hitze aushalten. Empfindliche Geräte erfordern einen besonderen Schutz. Gerade die Handkameras sind immer wieder Gegenstand zweifelnder Fragen, da sie sehr empfindliche chemische Filme aus Zelluloid nutzten, die hohe Temperaturen nicht mögen. Das Argument: **Die bei den Mondlandungen genutzten Zelluloid-Filme mussten bei den hohen Temperaturen schmelzen. Daher konnte man unmöglich Fotos auf dem Mond schießen.**

Dieser Einwand ist nachvollziehbar. Zelluloid gehört zu den sogenannten Thermoplasten und schmilzt tatsächlich bei relativ niedrigen Temperaturen um 64 Celsius. Ganz sicher wird der auf dem Mond verwendete Kodak-Ektachrome Diafilm bei über 100 Grad Celsius als Filmträger unbrauchbar. Wie sollte man auf dem Mond also überhaupt Filmaufnahmen machen, wenn die Filme wegschmelzen?

Wie auch bei den vorherigen Kritikpunkten bedarf es hier eine sorgfältigen, ja physikalischen Begriffsdefinition. Wenn man über *Temperaturen* spricht und die Diskussion in den richtigen Kontext setzen möchte, muss man sich zunächst klar machen, was Temperatur eigentlich genau ist. Wenn ich sage, „mir ist heiß", wissen zwar alle, was ich meine, doch niemand weiß wie heiß es mir denn genau ist und wie andere die gleiche Temperatur empfinden. Doch jeder weiß natürlich, dass Temperaturen unterschiedlich

Abb. 11.1: Seine Hasselblad-Kamera auf der Brust, arbeitet Charles Duke an einem Felsen. Foto: NASA/J. Young. Nr.: AS16-116-18649.

wahrgenommen werden. Das hängt von den Menschen ab, von ihrer subjektive Empfindung, aber auch von anderen Bedingungen, auf die wir keinen Einfluss haben. So wird Kälte abhängig von der Luftfeuchtigkeit wahrgenommen. Einmal ist es unangenehm „nasskalt" und ein anderes mal empfinden wir eine „trockene Kälte", die wiederum gut auszuhalten ist.

In der Physik hingegen braucht man objektive Kriterien, die immer und überall gültig sind. Hier ist Temperatur lediglich ein anderer Begriff für Energie, und diese Energie steckt in der Bewegung der Moleküle. Je schneller sich die Teilchen bewegen, desto mehr Energie besitzen sie. Daher setzen wir in unserem Alltag den Temperaturbegriff mit der Geschwindigkeit von Molekülen und Atomen und deren Fähigkeit, Energie zu übertragen, gleich. Wenn wir vor einem warmen Ofen sitzen, so spüren wir dessen Wärme durch die warme Luft in seiner Umgebung. Dabei dominiert die Wärmeübertragung durch den Kontakt von Molekülen, die ihre Bewegungsenergie durch Stöße abgeben. Wasser kann Wärme gut aufnehmen und daher „saugt" nasskaltes Wetter die Körperwärme so unangenehm vom Körper weg[29]. Eine andere Art der Energieübertragung, nämlich durch Strahlung, kennen wir von der Sonne. Der Energieträger ist dabei das Licht. Photonen tragen bestimmte Energiemengen abhängig von der Farbe des Lichts, treffen auf einen Gegenstand und heizen ihn auf.

Auf dem Mond gibt es kein Wetter, eine Atmosphäre fehlt völlig, und von „schwüler" Wärme zu sprechen, macht dort keinen Sinn. Fehlt jedoch die Atmosphäre oder irgendein wärmeübertragendes Gas, so bleibt für die Energieübertragung nur noch die Strahlung. Und sobald auch die Strahlung wegfällt, ist keine Energieübertragung mehr möglich und es wird kalt. Daher ist es auf dem Mond im Schatten eisig kalt, und der Übergang an den Schattengrenzen ist völlig abrupt. Da die Mondastronauten ihre Kameras nicht auf den aufgeheizten Boden legten, der ja mit über 100 Grad Celsius recht heiß ist, muss man also eher fragen, wie heiß es in etwa einem Meter Höhe über dem Mondboden ist.

Da eine Atmosphäre völlig fehlt, werden die Kameras nur sehr langsam warm. Es wirkt ja nur die Sonnenstrahlung ein. Sie absorbieren Wärmestrahlung, bis ein thermisches Gleichgewicht zwischen Strahlungsaufnahme und -abgabe erreicht ist. Das heißt also, die Kameras geben bei einer bestimmten Temperatur genauso viel Energie ab, wie sie aufnehmen. Das Temperaturgleichgewicht stellt sich dabei um so niedriger ein, je stärker die einfallende Strahlung, also das Sonnenlicht, direkt wieder reflektiert wird. Und wenn die Kamera sich zeitweise im Schatten befindet und damit Wärme nur abgegeben, aber nicht aufgenommen wird, reduziert sich dieser Wert noch stärker. Im Falle der Hasselblad-Kameras, die eine weitgehend silberfarbene Außenhaut besaßen und das Sonnenlicht ganz gut reflektierten, lag das Temperaturgleichgewicht bei etwa 30 Grad Celsius und damit deutlich unter der Temperatur des Bodens und der Schmelztemperatur des Films[30].

---

[29] Die hohe Wärmekapazität von Wasser, also sein Speichervermögen von Energie, ist übrigens der Grund, warum wir unsere Wohnungen durch Heizungen erwärmen, die mit Wasser gefüllt sind.

[30] Im Gegensatz zu den Kameras, die zur zwischenzeitlichen Abkühlung in den Schatten gelegt werden konnten, ging das bei der nichtklimatisierten Unterstufe der Mondlandefähre natürlich nicht (die Oberstufe als Behausung der Astronauten wurde aktiv gekühlt). Sie konnte nicht in einen Schatten gestellt werden und wurde daher mit einer hochreflektierenden Mylarfolie umwickelt.

Die Lösung des Problems ist also recht einfach, sobald man sich fragt, worüber man eigentlich genau spricht, und danach die richtigen Schlussfolgerungen zieht.

12

Der Auspuff und sein Krater

Als die Mondlandefähre den Mond anflog, bremste sie ihren Fall mit einem Abstiegstriebwerk, welches einen Schub von 45 000 Newton erzeugte. Dieser Schub entsprach auf dem Mond immerhin rund 27 Tonnen Tragkraft. Als die Fähre auf dem staubigen Mondboden aufsetzte, würde man zweifellos erwarten, dass das Triebwerk einen Rückstoßkrater erzeugen würde. Doch auf den Bildern der verschiedenen Missionen, die den Boden unter der Abstiegsstufe zeigen, findet sich kein Krater, obwohl das Bodenmaterial nach Aussage der Astronauten fein wie Mehl war. Damit ergibt sich das zwanglose Argument: **Offensichtlich wurde der Rückstoßkrater im Studio vergessen, den man bei einem Landeschub mit heißen Gasen von mehreren Tonnen erwarten würde.**

Wir haben schon bei den wehenden Flaggen festgestellt, dass auch Kritiker der Mondlandungen davon ausgehen, dass der Mond keine Atmosphäre besitzt. Unter dieser also allseits akzeptierten Bedingung ist es jedoch völlig logisch, dass Abgaskrater nicht zu erwarten sind. Warum?

Strömende Gase in einem Medium wie z. B. Luft sind turbulent. Ihre Moleküle stoßen willkürlich gegeneinander und reagieren völlig zufällig. Das merkt man sehr schön bei einer sausenden Fahrt auf dem Fahrrad. Die Haare flattern im Wind und stehen nicht geradlinig nach hinten (noch schöner wäre die Fahrt in einem Cabriolet, doch darauf kommt es nicht an). Dass geradlinig nach hinten abstehende Haare in manchen Werbespots lustig aussehen, liegt daran, dass der turbulente Wind für uns so selbstverständlich ist. Turbulenzfreie Strömungen können wir uns einfach nicht so gut vorstellen. Turbulenzen in der Luft sind auch der Grund, warum ein Raketenstrahl auf der Erde in wirbelnden Wolken ausgestoßen wird. Die donnernden Raketenstarts mit beeindruckenden Auspuffgasen sind ein anschauliches Beispiel für diese Turbulenzen und die daraus resultierenden Schallwellen. Ohne Turbulenzen würde es höchstens ein wenig zischen, und weg wäre die Rakete. Im

Abb. 12.1: Buzz Aldrin am *Early Apollo Scientific Experiments Package* (EASEP). Foto: NASA/N. Armstrong. Nr.: AS11-40-5927.

Vakuum des Weltalls gibt es jedoch kein Medium, das einem ausströmenden Gas Widerstand entgegensetzt und Verwirbelungen erzeugt. Alle Abgaspartikel bewegen sich völlig geradlinig und lautlos weg von der Düse.

Eine Raketendüse besteht aus einer Brennkammer, wo die Treibstoffkomponenten gezündet und auf hohe Geschwindigkeiten gebracht werden, und einer Abgasglocke, in der die Partikel in eine Richtung gelenkt werden. Im Vakuum des Alls ohne Turbulenzen ist der Abgasstrahl jedoch sehr viel stärker aufgeweitet als in der Luft. Das liegt einfach daran, dass außerhalb der Abgasglocke weniger Molekülstöße erfolgen und daher die Bewegungsrichtung nach dem Verlassen der Glocke erhalten bleibt. Das Resultat sind mehr mögliche Bewegungsrichtungen für das Gas. Ein beträchtlicher Teil des

Abb. 12.2: Ausschnittvergrößerung des Fotos AS11-40-5927 mit dem vor dem Landefuß aufgeschobenen Mondboden.

Abgasstrahls wird seitwärts ausgestoßen. Das hat wiederum zur Folge, dass jeder kleine Kraterrand, der vielleicht entstehen könnte, weggepustet wird. Darüber hinaus erfahren Staubpartikel auf dem Mond wegen der fehlenden Atmosphäre keinen aerodynamischen Widerstand. Werden sie fortgeblasen, fallen sie wesentlich weiter entfernt auf den Boden zurück, als unsere Erfahrung auf der Erde es uns sagt.

Ein weiterer Aspekt ist die Landeprozedur der Mondfähre. Der maximale Schub von rund 27 Tonnen wurde natürlich nur eingesetzt, als die Fähre zum Abstieg auf den Mond in der Umlaufbahn abgebremst werden musste. Zwar ist die Bahngeschwindigkeit am Mond fast fünf mal geringer als bei der Erde, doch sind das noch immer fast 6000 Kilometer pro Stunde. Kurz vor der Landung hingegen kommt es logischerweise nur noch darauf an, die Fähre in der Schwebe zu halten, und der Schub kann auf rund zweieinhalb Tonnen reduziert werden. Und was die meisten Menschen nicht wissen:

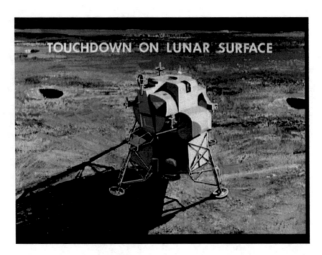

Abb. 12.3: Künstlerische Darstellung der Mondlandefähre inklusive Landekrater vor den Flügen zum Mond. Foto: NASA. Nr.: S66-10992.

Der Abstiegsmotor wurde schon in 1,7 Metern Höhe über dem Boden abgeschaltet! Das hört sich abenteuerlich an, ist aber angesichts der verringerten Schwerkraft kein Problem. Den turbulenzfreien Abgasstrahl sowie den freien Fall der Mondfähre nach Abschalten des Triebwerks zeigt die entsprechende Filmsequenz von der *Apollo-16*-Landung auf dem Mond. Außerdem landete die Fähre nicht immer senkrecht auf dem Mondboden, sondern schwebte mit einer beträchtlichen seitlichen Geschwindigkeit ein. Als die Fähre von *Apollo 11* in einem Geröllfeld aufzusetzen drohte, übernahm Neil Armstrong die Handsteuerung und überflog das Geröll – er landete „verlängert". Das erhöhte die Spannung auf der Erde ganz beträchtlich, und die Kollegen im Kontrollzentrum in Houston verzichteten in dieser Phase verständlicherweise auf alle weiteren Anweisungen. Jedenfalls führte das auch dazu, dass die Fähre mit einer horizontalen Geschwindigkeit landete. Man sieht das sehr schön an dem vor den Landefüßen aufgeschobenen Mondboden. Im Resultat strich der Abgasstrahl über den Boden und wirkte nur sehr kurz auf einzelne Bodenareale.

Die Landung von Apollo 16.
http://www.youtube.com/moonchecker.

Führen wir den fehlenden Gaswiderstand bei den fortgefegten Staubteilchen, die frühzeitige Abschaltung des Triebwerks sowie den seitlichen Schubanteil zusammen, so ist ein Krater schlicht nicht zu erwarten. Ein Abgaskrater kann nur unter irdischen Bedingungen entstehen[31]. Wir sehen nun, dass wir uns bei einer Argumentation gegen die Mondlandung entscheiden müssen: Entweder gibt es auf dem Mond eine Atmosphäre und flatternde Fahnen sind ganz normal oder der Mond hat keine Atmosphäre und fehlende Abgaskrater sind normal. Beide Argumente gegen die Mondlandung widersprechen sich!

Es gibt noch ein sehr subtiles Argument, dass die Mondlandung wirklich stattgefunden hat. Es findet sich in den Grafiken, die im Vorfeld der Landungen veröffentlicht wurden. Auf all diesen Bildern ist ein entsprechender Krater abgebildet. Man hat also fest mit ihm gerechnet, und die Fotos vom Mond und die Zeichnungen sind daher ein Argument für die Mondlandung und nicht gegen sie. Denn wenn man die Mondlandung wirklich hätte fälschen wollen, warum hatte man dann nicht auch gleich den Landekrater, mit dem man fest gerechnet hatte, gefälscht? Hier müsste wieder die Vergesslichkeit der Techniker ins Spiel gebracht werden, mit der auch bei den fehlenden Sternen am Himmel argumentiert wird – Occam hätte seine Freude gehabt.

---

[31] In weiten Kreisen wird bemängelt, dass die Landefüße der Mondfähre nicht von Mondstaub bedeckt sind. Dieser hätte angeblich bei der Landung „aufgewirbelt" werden und dann auf die Füße fallen müssen. Auch dies kann zwanglos mit meinen obigen physikalischen Betrachtungen zu den fehlenden Turbulenzen sowie dem Abschalten der Triebwerke vor der Landung erklärt werden.

13

Und sonst?

Die Raumanzüge sind zu steif

Im Weltall herrscht das Vakuum. Um dort also überleben zu können, ist eine Druckkammer nötig, die irdischen Luftdruck von 1 Bar erzeugt – eine Raumkapsel. Und wer das Fahrzeug verlassen möchte, braucht einen Raumanzug, der ebenfalls ein Lebenserhaltungssystem besitzt und für irdischen Luftdruck sorgt. Der Raumanzug muss allerdings beweglich sein, um in ihm überhaupt arbeiten zu können.

Raumanzüge sind tatsächlich sehr sperrig und steif. Alle Astronauten fühlen ihre Bewegungsfreiheit damit stark eingeschränkt. Doch natürlich würde kein Astronaut deswegen auf den Anzug verzichten wollen. Werkzeuge für Arbeiten auf dem Mond und im Erdorbit sind Spezialanfertigungen, die auch mit den notwendigerweise dicken Handschuhen bedient werden können. Doch immerhin sorgt der Anzug mit seinem Klimasystem nicht nur für erträgliche Bedingungen, sondern auch für Schutz gegen extreme Temperaturen und Mikrometeoriten, die mit bis zu der 50-fachen Geschwindigkeit einer Gewehrkugel durch einen hindurchsausen würden. Außerdem kühlt er den menschlichen Körper, der bei der sehr harten Arbeit in der Schwerelosigkeit ziemlich ins Schwitzen kommen kann. Mehrere Kunststoffschichten sorgen dafür, dass er sich wegen seines Überdrucks im Vakuum nicht aufbläst. Doch wie ist das mit den Handschuhen? Sie haben keine Schichten, die das Aufblasen verhindern. Die These lautet daher: **Angesichts des Druckunterschieds von 1 Bar müssten sich die Handschuhe des Anzugs aufblasen, sich wie ein Autoreifen verhalten, und man könnte seine Hände darin nicht bewegen.**

Diese Behauptung kann durchaus praktisch untermauert werden. Ralph René, ein relativ bekannter amerikanischer Kritiker der Mondlandung, hatte sich sogar eine geschlossene Kiste gebaut, in die ein Gummihandschuh

Abb. 13.1:   Eugene Cernan bei der Anprobe seines Raumanzugs bei ILC Industries. Foto: NASA. Nr.: AP17-72-H253.

hineinragt. Und wenn er dann die Luft in der Kiste abgesaugt hat, kann er
den Handschuh mit seiner Hand darin nur sehr schwer bewegen. Für die
Entwickler des Raumanzugs bei ILC Industries in Delaware war das Problem nicht neu, als sie 1962 begannen, die Raumanzüge für Apollo zu entwickeln. Sie lösten es, weil die Voraussetzung für die obige Behauptung und für
den Test falsch sind. In Wirklichkeit sind Anzug und Handschuhe eben keine simplen Gummiballons, sondern hochkomplexe Ausrüstungsgegenstände.
So mussten die Handschuhe wie die Raumanzüge nicht nur flexibel, sondern
auch in der Lage sein, Mikrometeoriten von der Wucht einer Pistolenkugel
standzuhalten. Erreicht wurde dies durch eine Druckblase, die als Abdruck
von den Händen der Astronauten genommen wurde. Darüber lag der innere Handschuh aus Nylonstoff, der in Neopren getaucht wurde. Diese Hül-
le wurde wiederum verspannt, um eine gewisse Materialsteifigkeit zu erzie-
len. Um die Flexibilität zu unterstützen wurde, und das ist entscheidend, der
Innendruck des Handschuhs auf rund 30 % des Normaldrucks abgesenkt,
sodass die Oberflächenspannung des Materials entsprechend reduziert wird
und Bewegungen problemlos möglich sind. Der Außenhandschuh darüber

Abb. 13.2: Fenster des Kommandomoduls von *Apollo 7*. Foto: NASA. Nr.: AS07-03-1557.

wurde aus extrem teurem in Stoff eingewebtem Chromstahl mit Namen *Chromel-R* hergestellt[32].

Manche Leute behaupten nun, dass durch die Absenkung des Innendrucks das Blut in der Hand kochen würde, doch auch das stimmt nicht. Wir können auf die Höhenbergsteiger dieser Welt verweisen. Auch auf den Gipfeln des Himalaya herrscht ein um rund 30 % geringerer Druck. Die Höhenbergsteiger sterben zwar manchmal an den Folgen dünner Atemluft, nicht aber an kochendem Blut.

---

[32] Wer sich für die Details der Raumanzugentwicklung interessiert, sollte sich den am Ende von Kapitel 15 gelisteten fünften Teil „Suits" der Filmreihe *Moon Machines* ansehen.

Abb. 13.3:   Astronaut Buzz Aldrin verlässt die Mondlandefähre. Foto: NASA/N. Armstrong. Nr.: AS11-40-5863.

Die blauen Fenster

Immer wieder wird auf Bilder der Cockpitfenster hingewiesen. Sie sind auf manchen Bildern nicht schwarz, wie man es bei einem Blick durch sie hindurch in das Weltall erwarten sollte, sondern blau. Das kann bei einem Raumflug jedoch angeblich nicht sein. **Wenn man durch das Fenster ins All schaut, sollte der Hintergrund schwarz und nicht blau sein. Dieser Hintergrund kann höchstens die blaue Erde sein und daher hat man die Erdumlaufbahn nie verlassen.**

Abb. 13.4:   Fußabdruck auf dem Mond. Foto: NASA/N. Armstrong. Nr.: AS11-40-5877.

Die Erklärung für die blauen Fenster findet sich schon am Anfang von Kapitel 4. Dort hatte ich dargelegt, wie der blaue Anteil des weißen Sonnenlichts in der Atmosphäre stärker gestreut wird als alle anderen Farbanteile. Daher ist unser Himmel blau. Nichts anderes geschieht bei der Streuung des Lichts in den Schichten des *Apollo*-Fensters. Genau wie bei der Erdatmosphäre kann man keinen schwarzen Himmel sehen, wenn die Sonne auf ein Brechungsmedium (Luft oder Glas) trifft und dort gestreut wird.

Scharfe Fußabdrücke brauchen Wasser

Beinahe jeder Mensch kennt den berühmten Fußabdruck auf dem Mond. Die Querrillen der Sohle und seine Form sind scharf in den Mondstaub eingedrückt. Andererseits haben selbst die Astronauten bestätigt, dass der Mondstaub fein wie Mehl ist. Da es auf dem Mond kein Wasser gibt, ist die Frage berechtigt, wie so scharf abgegrenzte Fußabdrücke bei völlig trockenem Boden überhaupt möglich sein sollen. Oder anders gesagt: **Bei sehr feinem Mondstaub mit einer Konsistenz von Mehl können scharfe Abdrücke nur entstehen, wenn der Staub feucht ist. Da es auf dem Mond aber kein Wasser gibt, entstanden die Fußabdrücke auch nicht auf dem Mond.**

Ich vermute, dass mir viele, vor allem sehr junge Menschen, zustimmen, dass der Mond nicht aus Mehl besteht, sondern höchstens aus englischem Cheddar-Käse, wenn wir an *Wallace & Gromit* glauben. Sollten wir jedoch auch diesen beiden Freunden nicht ganz trauen, ist es angebracht, sich Gedanken über die Struktur des Staubs zu machen. Zunächst besteht Mondstaub aus Silikaten, die unter der Wucht zahlloser Meteoriteneinschläge völlig zertrümmert wurden. Es sind also keine abgerundeten Sandkiesel, sondern erratisch geformte Mikrotrümmer von sehr rauer Oberfläche, die nicht aneinander abgleiten können. So etwas gibt es auf der Erde nicht und daher ist die Analogie zu Mehl nicht zulässig. Unter Druck verhaken sich die Staubpartikel und bilden auch ohne die Kohäsionskraft des Wassers stabile Formen aus. Abgesehen von der natürlichen Tendenz von Silikaten, Molekülketten zu bilden, kommt noch hinzu, dass die Brüche auf den Stauboberflächen wegen des fehlenden Sauerstoffs nicht oxidieren und damit durch Verwitterung glatt werden können. Somit bleibt die Form der Teilchen so lange erhalten, bis wieder Energie durch einen Meteoriteneinschlag oder eben einen Astronautenfuß einwirkt. Wenn dann noch hinzukommt, dass der Mond durch den permanten Elektronenbeschuss von der Sonne statisch aufgeladen wird, wie Staub auf dem Computerbildschirm, ist Wasser für scharfe Abdrücke unnötig.

Die Computertechnologie

Computer beeinflussen heute unser ganzes Leben, ich schreibe dieses Buch auf meinem Laptop und zur Recherche gehe ich ins Internet. Die Taktfrequenz meines Rechners liegt bei zwei Gigahertz und über genügend Speicherplatz brauche ich mir schon lange keine Sorgen mehr zu machen. Die Rechner der 60er-Jahre hingegen steckten noch in den Kinderschuhen und heute hat jedes Auto mehr Rechnerkapazität als die Mondfahrzeuge. **Mit deren primitiver Technik sollte es wohl unmöglich sein, komplizierte Manöver im Weltall durchzuführen.**

Abb. 13.5: Kontrollzentrum in Houston während des Flugs von *Apollo 14.* Foto: NASA. Nr.: AP14-S71-17122.

Beinahe jeder kennt Begriffe wie Betriebssystem, Anwendungssoftware, Arbeitsspeicher und Festplatte. Doch viele der Jüngeren unter uns haben noch nie von der Maschinensprache „Assembler" oder von Ringkernspeichern gehört. Selbst mit solch einer Soft- und Hardware, einem Arbeitsspeicher von nur 72 Kilobyte (eine anständige moderne Festplatte ist rund zehn Millionen mal größer) und einer Taktfrequenz von rund 100 Kilohertz, also 10 000 Mal langsamer als heutige Rechner, kann man einiges anfangen. Dies besonders, wenn man so clever ist, die Arbeitsprozesse aufzuteilen, sodass nur die direkt notwendigen Prozeduren durch die Bordsoftware durchgeführt werden und alles andere von größeren Rechnern am Boden. Außerdem wurden die Routinen so programmiert, dass wichtige Kalkulationen (z. B. die Mondlandung) Vorrang hatten vor weniger wichtigen (z. B. die Anzeige der Klimaanlage). Wie jeder heutige Computernutzer weiß, braucht man im Ergebnis weniger Rechnerkapazität. Und wenn man dann noch berücksichtigt, dass die Navigation permanent durch Sextantenmessungen an Sternen unterstützt wurde, sind die Mondflüge mit den damaligen Rechnern keine Mystik mehr (ich verweise hier auch auf den am Ende von Kapitel 15 gelisteten dritten Teil *Navigation* der Filmreihe *Moon Machines*). Es ist also schlicht zu kurz gedacht, wenn man heutige Rechnerstrukturen und deren Strategien mit denen der *Apollo*-Rechner vergleicht. Man denke nur daran, wieviel Arbeits- und Festplattenspeicher ein heutiges Betriebssystem braucht und wieviel für die Kompilierung einer Programmsprache. Fällt solch ein „Ballast" weg, kann auch ein Rechner aus der „Computersteinzeit" Korrekturmanöver auf dem Weg zum Mond durchführen[33].

---

[33] Das wusste z. B. auch Robert Crippen, als er mit seinem Kollegen John Young (derselbe Young, der den von mir beschriebenen Sprung auf dem Mond machte) den ersten Flug mit einem *Space Shuttle* durchführte. Crippen traute den Rechnern an Bord des *Shuttles* anscheinend nicht ganz über den Weg. Zur Sicherheit nahm er jedenfalls den damals fortgeschrittenen Taschenrechner HP41C mit auf die Reise. Im Falle eines kompletten Rechnerausfalls an Bord hätte er damit die Zündung der Bremsraketen berechnen und eine sichere Rückkehr zur Erde gewährleisten können.

Der Rover hat Probleme

Wernher von Braun träumte nicht nur von einer Landung auf dem Mond, sondern von dauerhaften Kolonien. Da er eine der wesentlichen Figuren des Mondlandeprogramms war, wurde diese Idee aufgenommen, um nach den ersten erfolgreichen Mondlandungen den Aktionsradius der Astronauten auf der Mondoberfläche wesentlich zu erweitern. Das Problem war wie bei allen anderen Instrumenten die Masse des Fahrzeugs. Die extrem knapp bemessenen Treibstoffreserven für die Landung durften nicht entscheidend reduziert werden (Neil Armstrong hatte bei der Landung nur noch für weniger als 30 Sekunden Treibstoff übrig). Und zehn Pfund Zusatzgewicht (etwa 4,5 Kilogramm) verringerten die mögliche Abstiegszeit um immerhin eine Sekunde. Für die drei letzten Mondmissionen von *Apollo 15*, *16* und *17* sollte daher ein sogenanntes *Lunar Roving Vehicle (LRV)* entwickelt werden, welches auf der Erde nicht mehr als 500 Pfund (etwa 216 Kilogramm) wiegen und in der Landestufe der Mondfähre untergebracht werden sollte. Die zusätzliche Masse und damit verkürzte Landezeit kann zwar durchaus durch die vorherigen Landeerfahrungen kompensiert werden, doch die Größe des Rovers scheint ein ernstes Problem zu sein. **Der Rover hat eine Länge von etwa 3,10 Metern. Der zur Verfügung stehende Platz an der Abstiegsstufe ist aber nur rund halb so hoch. Der Rover passt also keinesfalls an die Fähre.**

In Wirklichkeit ist das Problem noch dramatischer. Bekanntlich mussten die Landebeine der Abstiegsstufe für den Start von der Erde eingeklappt sein, damit die Fähre überhaupt in die *Saturn*-Rakete unter das Servicemodul des *Apollo*-Raumschiffs passte. Es war hoffnungslos, ein Fahrzeug von über drei Metern Länge und über einem Meter Höhe sowie weit ausladenden Rädern zusätzlich dort unterzubringen.

Hier muss man jedoch auf Zweierlei verweisen. Erstens hatten alle Beteiligten schon lange begriffen, dass clevere Lösungen für den Weg zum Mond gefragt waren, und zweitens, dass Problemlösungen oft in den Problemen selbst gefunden werden können. Mit dieser Einsicht knobelten die Ingenieure von *Boeing* und dem Autohersteller *General Motors* an dem Problem. Ausgangspunkt und Lösung waren die obigen Gewichtsvorgaben der NASA sowie der für den Rover überhaupt zur Verfügung stehende Raum – und der war dramatisch klein.

Die Abstiegsstufe bestand aus einer doppelkreuzförmigen Struktur aus einem zentralen Quadrat, welches das Triebwerk trug. An dessen Seitenflächen waren ebenfalls Quadrate angebracht, die verschiedene Treibstofftanks aufnahmen, sodass die umhüllenden Außenwände die Form eines Achtecks ergaben. Zwischen den äußeren Quadraten lagen demnach dreieckige Strukturen (die sogenannten Quadranten), die ebenfalls verschiedene

Abb. 13.6: Der Mondrover mit einer Länge von 310 cm vor der Mondlande-fähre. Foto: NASA/H. Schmitt. Nr.: AS17-141-21512.

Versorgungssysteme aufnehmen konnten. Es war nun möglich, einige im ersten Quadranten liegende elektrische Komponenten zu versetzen und diesen nun freien Raum für den Mondrover zu nutzen. Das heißt, den Ingenieuren stand ein dreieckiger Raum von nur etwa einem Kubikmeter Fassungsvermögen zur Verfügung. Hier war in der Tat eine clevere Lösung gefragt, wie sonst hätte man in so einem Raum ein ganzes Fahrzeug unterbringen sollen. Die Lösung fand sich dann bei der Mondfähre selbst. Wenn man die Beine dieses Raumfahrzeugs zum Transport mit der Saturn zusammenfalten konnte, sollte dieses Prinzip auch für ein Mondauto anwendbar sein, auch wenn sich das Problem komplexer darstellt. Doch Ingenieure sind leidenschaftliche Tüftler

Abb. 13.7: Der gefaltete Rover während des Einbaus in den ersten Quadranten der Mondlandestufe. Foto: NASA. Nr.: AP16-KSC-71P-543.

und Bastler. Und ihre Lösung ist so simpel wie erstaunlich. Das Auto wurde trickreich zusammengefaltet, so daß es die Form einer Dreieckssäule einnahm und zusammen mit einem entsprechenden Tragemechanismus gerade in die Bucht des ersten Quadranten neben der Ausstiegsleiter passte[34].

Damit hat sich der Rover jedoch noch nicht ganz aus der Affäre gezogen. Auf mehreren Bildern werden seine Reifenspuren kritisch betrachtet. Schaut man sich das einmal im Detail an, scheint in der Tat irgendetwas nicht zu stimmen. **Die Spuren des Rover suggerieren extrem scharfe Kurven, die**

---

[34] Die Entwicklung des Rovers und seiner Komponenten (Klappmechanismus, Räder, Steuerung, Kühlung etc.) sowie die Genialität der Beteiligten wird im sechsten Teil *The Lunar Rover* der Filmreihe *Moon Machines* beeindruckend beschrieben.

Abb. 13.8: Die Mondlandefähre von *Apollo 16* während des Abstiegs zum Mond, aus dem Kommandomodul aufgenommen. Der erste Quadrant der Abstiegsstufe befindet sich rechts von der Ausstiegsleiter. Dort erkennt man den eingeklappten Unterboden des Rover. Foto: NASA/K. Mattingly. Nr.: AS16-118-18894.

mit einem normalen Auto völlig unmöglich sind. Außerdem fehlt in vielen Fällen die zweite Spur der nachlaufenden Hinterreifen.

Diese Anmerkungen sind durchaus korrekt, doch auch hier stimmt die Voraussetzung nicht. Es handelt sich nicht um ein "normales Auto" sondern um ein Spezialfahrzeug für eine ganz besondere Bestimmung. Wenn man die Spezifikationen des Rover konsultiert (die NASA hat auch sie im Internet veröffentlicht) und sich auch alle weiteren Bilder von dem Gefährt anschaut, stößt man auf ein besonderes Detail, welches die Fragen der Skeptiker zwanglos beantwortet. Im Gegensatz zu normalen Autos waren *alle* Räder des Rovers lenkbar.

Abb. 13.9: Charkes Duke am Rover von *Apollo 16*. Die Reifenspuren zeigen einen extremen Kurveneinschlag und die übliche zweite Spur von den nachlaufenden Hinterreifen fehlt. Foto: NASA/J. Young. Nr.: AS16-107-17446.

Mit der Planung der Mondlandungen von *Apollo 15* bis *17* war klar, dass die zu untersuchenden Gebiete im Gegensatz zu den vorherigen Missionen in spektakuläre Landschaften führen würden. *Apollo 15* landete im Gebiet der Hadley-Rille, *Apollo 16* flog zum Descartes-Hochplateau, und das Ziel von *Apollo 17* war das Taurus-Littrow-Gebirge. Um mit einem Fahrzeug in diesen Gebieten sicher operieren zu können, musste der Rover für den Boden entsprechend flexibel manövrieren können. Daher griff man auf das Konzept einer nach Bedarf zuschaltbaren vollen Steuerung aller Räder zurück.

Abb. 13.10: Der geparkte Rover. Im Bild erkennt man, dass sowohl die Vorder-als auch die Hinterräder gesteuert werden können. Foto: NASA/E. Cernan. Nr.: AS17-143-21933.

Der Rover hatte damit einen minimalen Wendekreis und die Hinterräder lie-fen in diesem Modus in den Spuren der Vorderräder. So erklären sich nicht nur die extremen Spurradien in einigen Bildern, sondern auch die fehlen-den Spuren nachlaufender Hinterräder, wie sie bei Fahrzeugen ohne lenkbare Hinterräder normal sind.

Geister in der Linse

In Kapitel 4 haben wir untersucht, warum auf den Bildern vom Mond (oder auch aus dem Erdorbit) keine Sterne zu sehen sind. Dabei haben wir uns „Occams Rasiermesser" bedient und mithilfe einer Plausibilitätsbetrachtung die These, dass man schlicht vergessen habe, kleine Lämpchen an eine Studiodecke zu installieren, als unlogisch und wenig überzeugend entlarvt. In Kapitel 6 hingegen konnten wir sehen, dass zusätzliche Studiolampen für nicht parallel abgebildete Schatten nicht nur unnötig sind, sondern wegen fehlender Zusatzschatten (Stichwort: Fußballspiel bei Flutlicht) sogar unmöglich sind.

Mondlandungszweifler verweisen hingegen auf einen scheinbar schlagenden Beweis für Studioaufnahmen. Die *Apollo-11*-Aufnahme AS11-40-5872 zeigt in der linken oberen Ecke angeblich zwei Studiolampen in Betrieb, sogar die Strahlen weiterer Lampen außerhalb des Bildes. **Offenbar ist unbeabsichtigt ein Foto veröffentlich worden, in dem Studiolampen bzw. deren Lichtstrahlen abgebildet sind.**

Und in der Tat, man möchte tatsächlich meinen, hier würde die Szenerie von mehreren künstlichen Strahlungsquellen angestrahlt. Allerdings gibt es zwei Probleme: Zum einen stellen wir fest, dass nur ein Schattenwurf von *einem* Scheinwerfer abgebildet ist. Das jedoch wäre höchst ungewöhnlich, da ja die gesamte Szene beleuchtet ist. Da es jedoch keine Schatten von anderen Scheinwerfern gibt, die zweifellos zur Beleuchtung bis zum Horizont (oder meinetwegen bis zur Studiowand) nötig sind, spricht das Bild in Wirklichkeit gegen die Annahme, wir hätten es mit künstlichen Lampen zu tun. Zum anderen stellt sich natürlich die Frage, ob wir hier tatsächlich künstliche Scheinwerfer abgebildet sehen. Dazu bietet sich das hochaufgelöste Bild zu einer Ausschnittvergrößerung an.

Die angeblichen Lampen haben in dieser Vergrößerung eine sehr außergewöhnliche Gesamterscheinung. Licht scheint nicht nur aus ihnen „heraus zu fließen", sondern sie haben auch noch Farbränder von Rot über Gelb nach Blau, ganz wie ein Farbspektrum. Das Problem: Direkte Abbildungen von Scheinwerfern können solche Farbränder nicht liefern. Und da der Astronaut, die Fähre und alle anderen Gegenstände scharf abgebildet sind, können wir eine unscharfe Abbildung von Studiolampen ausschließen. Andererseits sehen wir Lichtstrahlen in verschiedene Richtungen verlaufen, die dafür sprechen, dass sie von verschiedenen Lichtquellen erzeugt wurden. Doch diese Strahlen sind mehr oder weniger blau, die Szene hingegen ist jedoch keinesfalls in blaues Licht gehüllt. Was ist hier also passiert?

Abb. 13.11: Buzz Aldrin stellt das Segel auf, das Teilchen des Sonnenwindes auf-
fangen soll. Foto: NASA/N. Armstrong. Nr.: AS11-40-5872.

Optische Linsen erzeugen aus physikalischen Gründen zwangsläufig verschiedene Bildfehler. Einfache Glaslinsen können Szenen nicht über
das gesamte Bildfeld scharf abbilden. Sie liefern eine sogenannte Bildfeld-
krümmung. Das Resultat ist ein an den Bildrändern oder in der Bildmit-
te unscharfes Bild. Außerdem haben sie eine von der Wellenlänge abhän-
gige Brennweite und sind daher nicht in der Lage, alle Bildfarben scharf
abzubilden. Das Resultat sind Farbränder an den abgebildeten Gegenständen. Um diese Bildfehler zu minimieren, werden Kameraobjektive aus mehreren einzelnen Linsen verschiedener Gläser zusammengebaut. Damit erreicht man eine für das abzubildende Objekt hohe Abbildungsqualität. Der

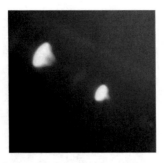

Abb. 13.12: Ausschnittvergrößerung der Aufnahme AS11-40-5872.

Abb. 13.13: Ausschnittvergrößerung der Aufnahme AS11-40-5872.

physikalische Prozess bei der Abbildung durch Linsen ist die sogenannte Lichtbrechung in einem Medium. Da es jedoch kein perfektes Linsensystem gibt, erzeugen alle Kameraobjektive auch unerwünschtes Streulicht. Der physikalische Prozess bei der Streuung in Linsen ist die sogenannte Lichtreflexion in einem Medium. Die Lichtbrechung, also die direkte Gegenstandsabbildung, dominiert dabei über die Reflexion (oder auch Streuung), weil die entsprechenden Linsen entsprechend ausgelegt sind und (hoffentlich) nicht verkratzt sind[35]. Allerdings wächst der Reflexions- oder Streueffekt mit der Intensität des einfallenden Lichts. Ja, es kann sogar zu ungewollten sichtbaren Lichtbrechungen kommen. Die Effekte treten häufig auf, wenn Außenaufnahmen im Gegenlicht der Sonne gemacht und dabei Weitwinkelobjektive mit vielen Linsenelementen, wie auch auf dem Mond, genutzt wurden. Dieser Effekt tritt auch auf, wenn die Sonne nicht einmal im Bildfeld liegt, da ihr Licht an der Linsenoberfläche in das Bild hineinstreuen oder -brechen

---

[35] Brillenträger mit einer schon etwas älteren verkratzten Brille oder eine ohne Antireflexschicht zur Entspiegelung kennen diese Lichtreflexionen

Abb. 13.14: Weitwinkelaufnahme im Gegenlicht mit Linsenreflexionen. Foto: K. Vollmann.

kann. Das Ergebnis sind Strahlen, Lichtringe oder Lichtkreise, die sich über das Bild ausdehnen können bzw. den Bildkontrast verringern. Genau diese Streifen und Sekundärabbildungen der Lichtquelle sieht man in dem Bild vom Mond.

Ziehen wir auch hier Occam zu Rate, können wir nur schließen, dass es sich bei den Lichtern nicht um Scheinwerfer und bei den diagonal verlaufenden blauen Streifen nicht um direkte Lichtstrahlen handelt, sondern die Sonne selbst die Ursache für diese Erscheinungen ist. Hobbyfotografen erkennen genau, was hier passiert ist. Sie werden darauf verweisen, dass sie sich mit solchen Effekten oft herumschlagen müssen. Es gibt auch einen Begriff dafür, es sind sogenannte Linsenreflexionen im Kameraobjektiv. Und angesichts der Tatsache, dass blaues Licht in einem Medium stärker gestreut wird als rotes Licht, liefert die Physik auch eine Erklärung, warum die diagonalen Strahlen blau sind. Wir haben also wiederum durch Versuche auf der Erde und mit ein paar Kenntnissen in der Fotografie und Optik eine einleuchtende Erklärung für die vermeintlichen Lampen im Bild gefunden.

Geister auf dem Bildschirm

Wer wie ich die erste Mondlandung 1969 live im Fernsehen mitverfolgte, mag sich an die merkwürdig unscharfen und geisterhaften Bilder erinnern, die vom Mond gesendet wurden. Die Astronauten bewegten sich vor der Landefähre, der Flagge und verschiedenen Instrumenten, die wiederum nicht sofort von den davor tretenden Astronauten abgedeckt wurden, sondern scheinbar nachgeleuchtet haben. Angesichts der überwältigenden

Abb. 13.15: Abbildung einer TV-Übertragungssequenz aus dem Kontrollzentrum in Houston.

Technik des Mondunternehmens fragt man sich, warum uns so schlechte Bilder gesendet wurden, obwohl eine bessere Qualität durchaus möglich war, wie die Bilder aus der Kommandokapsel zeigten. Klar: **Die Bilder waren so schlecht, weil die NASA die Mondlandungslüge im Studio verschleiern wollte.**

Als Neil Armstrong die Leiter der Fähre hinabstieg und die ersten Schritte auf der Mondoberfläche machte, sollten die Menschen dies live mitverfolgen können. Dazu bedurfte es einer automatischen Kamera, die an der Seite der Abstiegsstufe angebracht und mit einem sehr starken Weitwinkelobjektiv ausgestattet war. Um nun die Bilder zur Erde zu senden, stand zunächst nur eine kleine Antenne auf der Oberstufe der Fähre zur Verfügung, die im S-Band zwischen zwei und vier Gigahertz sendete (die Kommandokapsel hatte vier davon). Die Übertragungsrate dieser einzelnen Antenne war jedoch relativ gering und Armstrong musste die für höhere Übertragungsraten geeignete Parabolantenne erst noch aufbauen. Dann jedoch hätten die Menschen auf der Erde die ersten Schritte nicht verfolgen können. Die Übertragung mit niedriger Datenrate und damit schlechter Qualität war also alternativlos.

Um die Daten überhaupt als bewegte Bilder zur Erde senden zu können, wurde die Bildauflösung auch noch sehr stark reduziert, und damit waren sie nicht mehr dazu geeignet, direkt in das Fernsehnetz auf der Erde eingespeist zu werden. Um nun trotzdem die Bilder in alle Welt senden zu können, wurden sie im Kontrollzentrum einfach mit einer normalen TV-Kamera direkt vom Bildschirm in Houston abgefilmt. Doch dieser Trick führte dazu, dass sich die Monitorbilder in der Kameralinse spiegelten und auf diesen zurückgeworfen wurden, wonach sie dann wiederum von der TV-Kamera aufgenommen wurden und den Geistereffekt auslösten.

Armstrongs kleiner Schritt

Eine weitere Unklarheit im Zusammenhang mit der Fernsehübertragung wird gern von deutschen Kritikern herangezogen. Sie „erinnern" sich, dass Armstrong seinen berühmten Spruch, als er den ersten Schritt auf dem Mond machte, „A small step for man but a giant leap for mankind" (Ein kleiner Schritt für einen Menschen aber ein großer Sprung für die Menschheit), bei der Direktübertragung ins Erste Deutsche Fernsehen nicht gesagt hatte. Erst danach tauchte dieser Satz angeblich in allen Medien und auch in den NASA-Archiven auf. Klare Sache: **Armstrongs Worte wurden erst später in die Studioaufnahmen, die auf der Erde gemacht wurden, hineinkopiert.**
Es ist nicht klar, woran sich die Leute wirklich erinnern, doch sicher ist, dass Erinnerungen nach vielen Jahren eine trügerische Sache sind. Ich habe ebenfalls vor dem Bildschirm das *„Apollo*-Mondstudio" gesehen und weiß noch, dass in dem Studio viel gesprochen wurde, an Details kann ich mich aber beim besten Willen nicht erinnern. Daher ist es besser, die Originalaufnahmen der Liveübertragung des Deutschen Fernsehens mit Günter Siefarth und Hans Heine zu prüfen. Man stellt fest, dass in der Tat viel gesprochen wurde. Das liegt daran, dass die Zuschauer in Deutschland neben den Kommentaren der Journalisten im Studio auch noch den deutschen Korrespondenten Werner Büdeler am Telefon im Kontrollzentrum Houston live hörten. Im Hintergrund, aber stark abgedämpft, waren darüber hinaus die originalen Dialoge zwischen dem Mond und Houston hörbar. Werner Büdeler hatte die Aufgabe, die Informationen und Meldungen der Astronauten vom Mond zu kommentieren und gegebenenfalls zu übersetzen. Als Armstrong seinen „A small step for man ..." sprach, kommentierte Hans Heine im Mondstudio der ARD gerade „Armstrong hält sich mit der linken Hand noch an der Leiter fest ...", und so ging der heruntergepegelte Satzteil Armstrongs völlig unter. Armstrongs Spruch übersetzte Büdeler wiederum sofort am Telefon etwas frei mit „Ein kleiner Schritt noch ...". Direkt danach vervollständigte Armstrong seinen Satz mit „... a giant leap for mankind". Nur mit Mühe kann man Armstrong dabei sehr schwach und verrauscht im Hintergrund hören. Aber man kann ihn hören! Eine Bestätigung, dass Armstrong diesen Satz sehr wohl gesagt hatte, findet sich darin, dass die Kritiker,

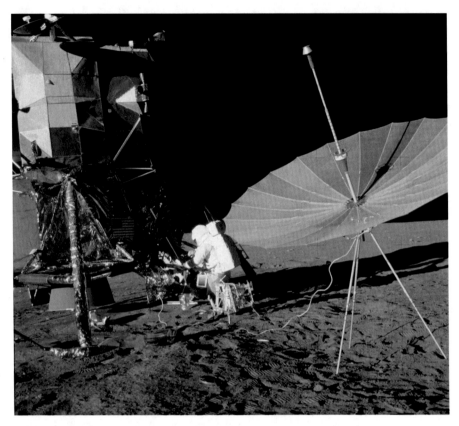

Abb. 13.16: Die Landefähre von *Apollo 12*, der Kommandant Pete Conrad und die S-Band Antenne. Foto: NASA. Nr.: AP12-47-6988.

die diese Behauptung verbreiten, allesamt aus Deutschland kommen und nur die Übertragung der ARD heranziehen (in der Aufzeichnung des Zweiten Deutschen Fernsehens ist Armstrongs Satz zu hören). In anderen Ländern wird das nicht behauptet und schon gar nicht in den USA. Dort konnte niemand die deutsche Übertragung sehen und damit ist dieses wahrhaftige „ARD-Problem" dort auch unbekannt.

Abb. 13.17: Armstrong steigt die Leiter hinab.

"Thats one small step for man, one giant leap for mankind."
http://www.youtube.com/moonchecker.

"Thats one small step for man, one giant leap for mankind."
Live-Übertragung aus dem ARD-Apollo-Mondstudio.
http://www.youtube.com/moonchecker.

Der Raketenmann trifft Walt Disney

Nach der Entwicklung der Atombombe und der ersten Raketen war die Öffentlichkeit für die wildesten technischen Phantasien empfänglich und man beschäftigte sich mit den Planeten, den Sternen, Robotern und natürlich mit diversen Ungeheuern im Weltall, die wahrscheinlich mit Strahlenwaffen bekämpft werden mussten. Hollywood verkaufte in dieser Zeit eine Flut neuer Science-Fiction-Filme. Fachzeitschriften und Magazine griffen den sich entwickelnden Raumfahrtenthusiasmus auf und verstärkten ihn wiederum. *Colliers Magazine* nutzte diese Entwicklung und bat den Entwicklungsleiter der *Redstone*-Atomrakete, Wernher von Braun, um einige Artikel, in denen er seine Visionen zur bemannten Raumfahrt vorstellen sollte. Die Artikel, angereichert mit spektakulären Zeichnungen, verfehlten ihre Wirkung nicht und waren ein großer Erfolg. Das entging Walt Disney nicht und er engagierte von Braun als technischen Berater für drei Fernsehfilme über die Raumfahrt. Diese Zusammenarbeit motiviert die Skeptiker zu folgender Behauptung: **Wenn der Chefentwickler der Mondrakete mit dem bekanntesten Trickfilmer der Welt zusammenarbeitet, zeigt das, dass Studioaufnahmen der Mondlandung schon sehr früh geplant waren.**

Im Gegensatz zu den bisher besprochenen Thesen hat diese Vermutung keinen technischen Aspekt und sie lässt sich daher nicht inhaltlich prüfen. Ich greife es trotzdem auf, weil es die Situation in den 1950er-Jahren beleuchtet und zeigt, wie die Entwicklung zur Mondlandung in den USA durch Wernher von Braun angestoßen wurde.

Die Artikel bei *Colliers* waren angesichts von Brauns dauerhafter Arbeiten mit dem Militär für ihn eine Chance, die öffentliche Aufmerksamkeit nun in Richtung bemannter Raumfahrt zu lenken. Flüge zum Mond waren bis dahin kein Thema in der öffentlichen Diskussion. Als die Artikel dann erschienen, bewarb Disney gerade seinen neuen Disneyland-Park in Kalifornien. Dieser hatte vier Themenbereiche, von denen einer, *Tomorrowland*, besonders schwer umzusetzen war. Was sollte man dort zeigen und wie? Von Brauns Artikel über die Raumfahrt und die von dem Naturwissenschaftler Heinz Haber über Raumfahrtmedizin führten dann dazu, dass Disneys Produzent Ward Kimball die beiden sowie von Brauns Mitarbeiter Ernst Stuhlinger als technische Berater für *Tomorrowland* und seine Fernsehserie *Science Factual*[36] engagierte. Alle drei traten in den Filmen auch selbst auf. Sowohl von Braun als auch Disney und Kimball hatten begriffen, dass die öffentliche Meinung vom Fernsehen beeinflusst wird, und die Zusammenarbeit nützte

---

[36] Die Serie bestand aus den drei Fernsehfilmen *Man in Space, Man and the Moon* und *Mars and Beyond*. Sie können alle bei YouTube gefunden werden.

Abb. 13.18: Walt Disney (links) und Wernher von Braun am Marshall Space Flight Center. Foto: NASA.

allen gleichermaßen. Die drei Folgen sind angesichts des damaligen Standes der Technik sehenswert und visionär. So war z. B. auch Stanley Kubrick von den Visionen einer Raumstation im Erdorbit für den Sprung zum Mond zutiefst beeindruckt und sie finden sich in Kubricks Film *2001 – A Space*

Odyssey direkt wieder[37]. Disney erklärte mit seinen Filmen also nun die wissenschaftlichen Aspekte und die Arbeiten der Ingenieure. Es war eine wunderbare Zusammenarbeit. Von Braun entwickelte die technischen Ideen und die Disney-Zeichner verliehen ihnen die Bewegung. Science-Fiction wurde Realität.

Wenn man diese Zusammenarbeit als Hinweis auf eine Verschwörung nimmt, übergeht man das in den 1950er-Jahren wachsende Interesse an Raumfahrt sowie die Intention Wernher von Brauns, seine eigenen Träume zu bewerben. Außerdem darf man nicht die bis heute bestehende Notwendigkeit übersehen, komplexe technische Sachverhalte dem Laien zu erklären. Mit welchem Recht sollte die Raumfahrt Steuergelder verpulvern dürfen, wenn dem Bürger nicht einmal im Ansatz klar ist, was das alles soll? Um sich nicht ins finanzielle Abseits zu manövrieren, ist jeder beteiligte Experte schlicht gezwungen, seine Inhalte darzustellen. Wissenschaftler und Ingenieure tun genau das noch heute und werden auch weiterhin Öffentlichkeitsarbeit betreiben. Auch heute treffen sich Raumfahrtingenieure und Science-Fiction-Autoren zu öffentlichen Dialogen und auch heute finden sich Wissenschaftssendungen im Fernsehen. Was ist dann also so mysteriös an der Zusammenarbeit zwischen Walt Disney und Wernher von Braun? Disney verkaufte seine Vergnügungsparks und von Braun seine Ideen. Das heutige Fernsehen macht es nicht anders – genauso übrigens, wie Verschwörungsanhänger, die von Braun deshalb kritisieren. Daraus kann man vernünftigerweise keinen langfristigen Plan einer Verschwörung 15 Jahre später ableiten. Um die Astronomie zu erklären, halte ich regelmäßig Fachvorträge. Das ist meine Aufgabe als steuerfinanzierter Wissenschaftler. Und genau deshalb hatte sich der berühmte Astronom Vesto Slipher vom Lowell Observatorium in Arizona an Disneys drittem Fernsehfilm *Mars and Beyond* beteiligt. Bisher ist noch niemand auf die Idee gekommen, Slipher und mich deshalb als astronomische Verschwörer zu beschimpfen und zu behaupten, dass die Sterne gar nicht existieren. Obwohl die Vorstellung, wie zukünftige Raumfahrt aussehen wird, in weiten Teilen noch unausgegoren war, hatte Disneys Fernsehserie weitaus mehr Substanz, als viele Kritiker meinen.

Science Factual war ein sehr großer Erfolg. Sagenhafte 42 Millionen Zuschauer sahen den Teil *Man in Space*. Interessanterweise verkündete Präsident Eisenhower kurze Zeit nach der ersten Sendung, dass die Vereinigten Staaten

---

[37] Kritiker verweisen in diesem Zusammenhang gern auf den preisgekrönten Film *Kubrick, Nixon und der Mann im Mond* von William Karel (der Film findet sich bei YouTube) und meinen, auch damit eine Verschwörung belegen zu können. Dabei entgeht ihnen der satirische Charakter dieses fiktionalen Dokumentarfilms, der mit Halbwahrheiten und Suggestion arbeitet. Die Pointe: Der Film will dazu anregen, nicht alle Behauptungen blind zu übernehmen.

einen unbemannten Forschungssatelliten als Beitrag zum Geophysikalischen Jahr 1957 in den Erdorbit bringen wollten. Die wissenschaftlichen Kreise kritisierten hingegen, dass von Braun die Raumfahrt in Magazinen und im Fernsehen propagierte und nicht in den etablierten Journalen und Wissenschaftskreisen. Doch er musste für seinen Traum von der bemannten Raumfahrt nicht nur Wissenschaftler, sondern auch Industrielle, Politiker und besonders die Öffentlichkeit überzeugen. Er hatte die Macht der Medien begriffen, und er hatte sie genutzt. Ernst Stuhlinger beschrieb von Brauns Einsatz für seine Ideen so: „Er kämpfte an allen Fronten und jede besaß eine eigene Sprache. Das war sein Genie."

Wo sind die Bilder geblieben?

Trotz meiner Erläuterungen sollte man nicht annehmen, dass *alles* mit Logik und Sachverstand geklärt werden kann. Immerhin sind Menschen zum Mond geflogen und keine unfehlbaren Maschinen. Im Prolog habe ich daran erinnert, dass die NASA offenbar ihre Originalaufnahmen von der ersten Mondlandung nicht mehr finden kann. Ich meine bis heute, dass das eigentlich skandalös ist. Wie kann man die unschätzbaren Originale eines Jahrtausendereignisses verbummeln? Das ist doch so, als würden die Amerikaner das Original ihrer Unabhängigkeitserklärung verlieren. Die NASA vermutet die Bilder bis heute im Archiv des Goddard Space Flight Center, kann aber keine befriedigende Erklärung geben, warum die Archivierung nicht hinreichend dokumentiert wurde. Als Entschuldigung wird lediglich angemerkt, dass die Archivierung der Bänder während der *Apollo*-Ära nur eine niedrigere Priorität hatte. Es besteht jedoch auch die beunruhigendere Möglichkeit, dass die Bänder in den 70er-Jahren überspielt und die ursprünglichen Aufnahmen für immer vernichtet wurden.

Ich habe durchaus die Phantasie, dass es den Schöpfern der Unabhängigkeitserklärung wichtiger war, diese zu verbreiten, statt ein Original zu haben, doch ich muss angesichts des Verlustes der Mondbänder zugeben, dass ich Verständnis für die darauf folgende Kritik aller Zweifler an der Mondlandung habe, und ich kann diesem Argument nichts entgegensetzen.

Alles ist gelogen

In meinen Argumentationen folge ich den erkenntnistheoretischen Ansätzen der Naturwissenschaft. Doch es gibt auch noch andere Betrachtungen. Mit Solipsismus beschreibt die Philosophie die grundsätzliche Möglichkeit, dass das eigene Bewusstsein singulär ist, also nur das eigene Bewusstsein existiert und kein anderes. Solch eine Behauptung ist im Sinne eines wissenschaftlich-analytischen Ansatzes nicht widerlegbar, ganz wie bei den verloren gegangenen Datenbändern der NASA. Die Vorstellung, dass unsere reale Welt nicht wirklich existiert, wurde zwar eindrucksvoll in dem Hollywood-Streifen *Die Matrix* inszeniert, doch dieses Konzept einer virtuellen Realität ist schon sehr viel älter und ich kann wegen seiner Komplexität nicht detailiert darauf eingehen. Sehr intelligent umgesetzt wurde es von dem berühmten polnischen Science-Fiction-Autor Stanislaw Lem. Eine Geschichte seiner 1961 veröffentlichten Erzählungen *Die Sterntagebücher* beschreibt Kisten im Regal eines Erfinders, die jeweils künstliches Bewusstsein sowie dessen komplette Wahrnehmungen simulieren, ohne dass die darin künstlichen Charaktere von diesem Zustand wissen. Lem hatte auch den attraktiven Gedanken aufgegriffen, was mit dem Kistenbewusstsein passiert, wenn es die Wahrheit erkennt – es wird verrückt.

14

Beweise II – Steine, Fotos, Sterne

Nachdem wir nun die wesentlichen Vorbehalte beleuchtet haben, dürfte klar sein, dass die Schlussfolgerungen gegen die Realität der Mondlandungen weder unseren Alltagserfahrungen noch einer wissenschaftlichen Beleuchtung standhalten. Teilweise sind die Annahmen sogar schon falsch. Man sollte nun nicht denken, dass ein direkter Beleg für die damaligen Ereignisse gänzlich hoffnungslos sei, auch wenn der Mond recht weit entfernt ist und einige Zeit seit den Ereignissen vergangen ist. Trotz der Beweisproblematik, wie ich sie in Kapitel 3 dargestellt habe, kann man zumindest Hinweise erhalten, die einer induktiven Vorgehensweise entsprechen.

Distanzmessungen

Ein hübsches Beispiel für einen direkten Hinweis sind die Distanzmessungen des *Lunar Laser Ranging Experiment*. Mit diesem Projekt wurde am McDonald Observatory, am Haleakala Observatory, am Observatoire de Calern sowie am Apache Point Observatory die Entfernung zwischen Erde und Mond millimetergenau bestimmt. Das Prinzip ist so einfach wie überzeugend. Mithilfe eines Teleskops wird ein Laserblitz (extrem gebündeltes Licht) zum Mond gesendet. Dort trifft es auf einen Reflektor und wird zur Erde zurückgeschickt. Über die Laufzeit und die konstante Lichtgeschwindigkeit kann damit die Distanz bestimmt werden. Mit dem Experiment konnte man feststellen, dass sich der Mond jährlich um 3,8 Zentimeter von der Erde entfernt. So einfach das Prinzip auch ist, für die erfolgreiche Durchführung müssen zwei grundlegende Punkte beachtet werden, die alles andere als trivial sind.

Abb. 14.1:   Teil des *Lunar Laser Ranging RetroReflector* von *Apollo 15,* so wie es auf dem Mond platziert wurde. Foto: NASA/D. Scott. Nr.: AS15-85-11468.

Zum einen muss ein hocheffizienter Reflektor auf der Mondoberfläche platziert werden. Man kann den Mond durchaus direkt anstrahlen, doch angesicht einer Reflektivität (Albedo) von 11 % ist es sehr schwer, genaue Messungen mit entsprechend wenig reflektiertem Licht zu erhalten. Dies wird dadurch noch erschwert, dass das Licht bei der Reflexion an der Oberfläche in viele Richtungen gestreut und somit stark abgeschwächt wird. Zum anderen muss das reflektierte Licht zwecks Messung auf der Erde auch empfangen werden. Das ist eine echte Herausforderung! Das Licht von der Erde wird trotz starker Bündelung auf dem Weg zum Mond aufgeweitet (der Laserstrahl von der Erde hat auf dem Mond einen Durchmesser von etwa sechs

Abb. 14.2: *Laser Ranging Station* des Goddard Space Flight Center mit Laserstrahl Richtung Mond. Der Mond wurde überbelichtet, um den Laser abbilden zu können. Foto: Tom Zagwodzki/Goddard Space Flight Center.

Kilometern), wird dort durch einen relativ kleinen Reflektor zurückgeworfen, um danach wiederum aufgeweitet und endlich mit einem relativ kleinen Teleskop aufgefangen zu werden. Daher kommt vom ursprünglich gesendeten Licht nur ein verschwindender Bruchteil wieder auf der Erde an (1 Photon von 100 000 000 000 000 000 Photonen auf dem Mond), und man braucht Teleskope, von denen eines am geodätischen Observatorium zur Ausmessung der Erde im bayerischen Wettzell steht.

Abb. 14.3: Tripelprisma der Firma Heraeus für den Laserreflektor auf dem Mond. Foto: Heraeus

Solche Messungen wurden schon vor den Mondlandungen Anfang der 60er-Jahre durchgeführt, allerdings mit entsprechend großen Messfehlern, weil einfach zu wenig Licht für eine genaue Messung vom Mond reflektiert wurde. Außerdem wurden nicht nur *Apollo*-Reflektoren für erfolgreiche Entfernungsmessungen genutzt, sondern auch solche, die von den sowjetischen Mondfahrzeugen *Lunochod 1* und *2* mitgeführt wurden[38].

---

[38] Die im Westen relativ unbekannten, aber sehr erfolgreichen Missionen *Lunochod 1* und *2* waren die ersten Rover auf dem Mond und wurden von der Erde ferngesteuert. Ich habe schon von der Behauptung gehört, dass die Sowjetunion Anfang der 70er-Jahre nicht in der Lage war, ferngesteuerte System zu entwickeln und beide *Lunochods* von einem selbstmordbereiten sowjetischen Soldaten gelenkt wurden. Ich überlasse dem Leser eine Beurteilung dieser These.

Nun wird gern behauptet, dass Spiegel auf dem Mond genauestens zur Erde ausgerichtet werden müssen, um das Reflektionsexperiment funktionieren zu lassen. Das sei jedoch unmöglich. Hier stimme ich zu, mit Spiegeln ist das in der Tat sehr schwer umzusetzen. Die NASA hatte jedoch nie vor, normale Spiegel auf dem Mond zu platzieren, sondern nutzte trickreich konzipierte Bündel aus bis zu 300 Winkelreflektoren in Form von Tripelprismen der deutschen Firma Heraeus auf einem Aluminiumrahmen. Diese Prismen haben die schöne Eigenschaft, dass sie Licht, das auf sie einfällt, genau in die entgegengesetzte Richtung reflektieren, auch wenn sie etwas schräg stehen. Daher reichte eine ungefähre Positionierung völlig aus, um genügend Licht zurück zur Erde schicken zu können. Die Rohlinge aus Quarzglas wurden ebenfalls von Heraeus geliefert. Quarzglas hat eine hohe optische Homogenität und den Vorteil, daß dieses Material relativ unempfindlich gegen hochenergetische Strahlung im Weltall ist, auf die normales Glas nach einiger Zeit mit abnehmender Transparenz reagiert. Bei außerordentlich teuren Raumfahrtmissionen werden naive Fehler wie die Nutzung simpler Spiegel vermieden. Dafür sorgt ein hochkomplexes Management. Klar ist aber auch, ohne Reflektoren auf dem Mond gäbe es keine Reflexionssignale, die eine genaue Abstandsmessung zulassen. Diese Reflektoren wurden entweder von Menschen oder von Robotern oder von Außerirdischen aufgestellt. Oder alle Wissenschaftler, die die Abstandsmessungen durchführen sowie alle Gutachter der entsprechenden Publikationen, sind Lügner.

Mondgestein

Ein zweiter direkter Beweis ist das vom Mond mitgebrachte Gestein[39]. Alle Apollo-Missionen zusammen brachten knapp 400 Kilogramm Gestein zur Erde, von dem ein beträchtlicher Teil eine Zusammensetzung zeigt, die auf der Erde unbekannt ist. Die neuen Namen dieser Gesteinsarten lauten u. a. „Pyroxferroit", „Tranquilityit" (benannt nach dem *Apollo-11*-Landeplatz) und „Armalcolit" (benannt nach Armstrong, Aldrin und Collins). Darüber hinaus fand man die auf der Erde unbekannten natürlichen Isotope Neptunium-237 und Uran-236, welche beide durch sehr lang anhaltenden Protonenbeschuss von Uran-238 entstehen. Außerdem entdeckte man auf den Gesteinsproben sehr kleine Einschlagskrater, welche nur beim Einschlag

---

[39] Immer wieder wird behauptet, das Mondgestein würde bis heute der Öffentlichkeit vorenthalten. Das stimmt angesichts der weltweit dauerhaft in Museen ausgestellten Exponate nicht. In Deutschland finden sich u. a. im Senckenberg-Museum Frankfurt/Main, im Deutschen Technik-Museum Berlin und im Haus der Geschichte in Bonn entsprechende Proben.

Abb. 14.4:   Mondgestein, *Apollo 14.* Foto: NASA/A. Shepard. Nr.: AS14-68-9452.

winziger Partikel aus dem All entstehen können. Auf der Erde finden sich solche Einschläge jedoch nicht, weil so kleine Meteoriten beim Durchqueren der Erdatmosphäre verdampfen. Auch heute noch werden Bodenproben der *Apollo*-Missionen von der Wissenschaft geprüft. Im Januar 2011 veröffentlichte ein Team aus Japan und den USA neue Befunde, die eindeutig belegen, dass das Gestein nicht von der Erde kommen kann, wie es Mondlandungsgegner immer wieder behaupten[40]. Ihre Untersuchungen ergaben, dass der Anteil von sogenanntem schwerem Wasserstoff im Wassermolekül (Deuterium, welches im Gegensatz zu normalem Wasserstoff ein zusätzliches Neutron in seinem Atomkern hat) im *Apollo*-Gestein deutlich höher ist als bei

---

[40] Siehe http://www.nature.com/ngeo/journal/vaop/ncurrent/abs/ngeo1050.html

jeder irdischen Wasserprobe. Es kann sich also nicht um Verunreinigungen handeln, sondern muss Mondwasser sein. Solche hohen Deuteriumwerte finden sich auch in Kometen und man hat damit nicht nur eine nachvollziehbare Quelle für das Mondwasser gefunden, sondern auch einen weiteren Beleg für die Realität der Mondlandungen. Um die Sache abzurunden, müssten Zweifler darüber hinaus auch noch eine Erklärung für das im Gestein entdeckte Isotop Helium-3 liefern. Dieses Isotop kommt von der Sonne und wird auf der Erde durch die Atmosphäre abgeschirmt. Gestein mit Helium-3-Einschlüssen muss also aus dem Weltall kommen. Das von den *Apollo*-Missionen zur Erde gebrachte Gestein ist also tatsächlich vom Mond. Und dieses Gestein von insgesamt fast acht Zentnern ist sicherlich nicht von unbemannten Sonden zur Erde gebracht worden. Das können Sonden nicht. Die unbemannten sowjetischen *Luna*-Sonden z. B. haben ingesamt nur 326 Gramm Mondgestein zur Erde gebracht.

Funk und Farbe

Viele Menschen denken, dass die Mondmissionen nicht von anderen Institutionen als der NASA überprüfbar gewesen sei. Das ist jedoch falsch. Alle Funkwellen, die vom Mond gesendet wurden, waren prinzipiell von jeder Bodenstation auf der Erde, die eine entsprechende Antenne besaß, zu empfangen. Die Sternwarte in Bochum hatte schon 1957 die *Sputnik*-Signale empfangen und ihr Leiter Heinz Kaminski wurde darüber bekannt. Mit ihrer 20-Meter-Satellitenschüssel waren die Bochumer in der Lage, auch die Signale der Mondlandungen zu empfangen und haben diese sogar archiviert. Die Fernsehbilder und der Funkverkehr der Astronauten mit der Bodenstation in Houston sowie alle weiteren Daten zum Flugverlauf lagern noch heute dort. Die Parabolantenne musste zum Funkempfang hochgenau auf den Mond ausgerichtet werden, und schon bei geringsten Positionsabweichungen war das Signal weg. Schon dies ist ein Beleg dafür, dass die NASA mindestens eine Relaisstation auf dem Mond hätte platzieren müssen, um sie vom Mond auch senden zu können. Direkt von der Erde oder aus dem Erdorbit war das unmöglich. Das liegt daran, dass sich Satelliten in niedrigen Umlaufbahnen zu schnell über den Erdboden hinweg bewegen und jede Antenne sehr schnell hätte nachgeführt werden müssen. Bei geostationären Satelliten hätten sich die Antennenschüsseln hingegen gar nicht bewegen dürfen. Alle anderen Umlaufbahnen von Satelliten (z. B. geosynchrone Bahnen) scheiden wegen ihrer Komplexität ebenfalls aus. Wesentlich wichtiger hingegen

Abb. 14.5: Die 70-Meter-Parabolantenne des Goldstone Deep Space Communications Complex (GDSCC) wurde zur Kommunikation mit den *Apollo*-Missionen genutzt. Foto: UCSD

ist die Tatsache, dass die Signale von den Astronauten zur Bodenstation rund 1,3 Sekunden unterwegs waren. Das entspricht etwa der Laufzeit von Funkwellen vom Mond zur Erde. Damit kann eine Relaisstation auf dem Mond, die Signale von der Erde lediglich weiterleitet, aber ausgeschlossen werden. Die Laufzeit Erde – Mond – Erde wäre doppelt so lang gewesen. Das heißt also, die auf der Erde vom Mond empfangenen Signale wurden auch vom Mond und nur vom Mond gesendet. Die Signallaufzeit von der Erde zum Mond und zurück kann man in der Filmsequenz vom Sturz des *Apollo-15*-Astronauten Dave Scott verfolgen). Der Sprecher in Houston meldet sich in der Sequenz nach 17 Sekunden bezüglich einer „Frame Number" und

Abb. 14.6:   Die Farb-TV-Kamera von *Apollo 12*. Foto: NASA/C. Conrad. Nr.: AS12-46-6756.

man hört das stark gedämpfte Echo des Sprechers über Scotts Mikrofon nach 20 Sekunden wieder.

Die Laufzeit der Funksignale.
http://www.youtube.com/moonchecker.

Klar, es ging zum Mond und kam dann wieder zur Erde. Genau nach der erwarteten Zeit. Dass dieses Signal nicht einfach hereingeschnitten wurde, zeigt sich an Scotts verspäteter Reaktion, die dann wieder synchron mit dem von der Erde kommenden Echo zur Erde gesendet wurde (er spricht die „Frame Number" explizit an). Gleiches passiert nach 28 Sekunden noch einmal[41]. In Bochum und mit den anderen Bodenantennen hingegen, die auf den Mond gerichtet waren, konnte man nur die Signale vom Mond, nicht jedoch die von der Bodenkontrolle hören.

Eine andere Geschichte ist die TV-Kamera von *Apollo 12*. Erstmalig sollten mit einer von Westinghouse entwickelten Kamera Live-Bilder in Farbe zur Erde gesendet werden. Wie bei *Apollo 11* war diese Kamera auf einem Instrumententisch der Abstiegsstufe befestigt, und um die Aktivitäten der Astronauten auf dem Mond übertragen zu können, musste Alan Bean diese Kamera von der Instrumentenplattform auf ein Stativ setzen. Dabei richtete er sie aus Versehen kurz direkt auf die Sonne und der Aufnahmechip ging kaputt. Von *Apollo 12* existieren daher keine Farbvideos. Wäre alles im Studio aufgenommen worden, hätte problemlos eine Ersatzkamera zur Verfügung gestanden und man hätte überzeugende Mondbilder verbreiten können. Al Beans Malheur ist damit jedoch ein schlagender Hinweis auf die Realität der Mondlandung. Wären die Aufnahmen im Studio gemacht worden, wären diese sicher in Farbe.

Der Ausfall der Farbkamera von Apollo 12.
http://www.youtube.com/moonchecker.

Diese zwei Beispiele zeigen, dass die Mondmissionen entgegen weit verbreiterter Meinung nicht perfekt waren, im Gegenteil. Bei der Vorbereitung des *Apollo*-Programms kamen drei Astronauten ums Leben und *Apollo 13* und ihre Insassen konnten nur mit viel Glück gerettet werden. Warum hätte man die Unfälle vortäuschen sollen? Diese Fehlschläge sind Hinweise auf die Ernsthaftigkeit des Mondvorhabens. Fehler und Abweichungen vom geplanten Programm helfen uns also überraschenderweise, den Wahrheitsgehalt der Ereignisse zu prüfen, das gilt für die kaputte TV-Kamera genau so, wie der fehlende Abgaskrater unter der Abstiegsstufe (siehe Kapitel 12).

---

[41] Der Sturz von Dave Scott ist übrigens wieder ein Hinweis auf die verminderte Schwerkraft (siehe Kapitel 8). Auf der Erde hätte er seinen Körper niemals so deutlich über dem Boden abfangen können. Und auch hier zeigt sich anhand seiner reflexhaften Bewegung der Beine beim freien Fall, dass eine Zeitlupe ausgeschlossen ist.

Die bis hier von mir vorgestellten und analysierten Beispiele beleuchten nur die wesentlichen Zweifel an den Mondlandungen. Auf weitere Thesen gehe ich nicht im Detail ein, weil sie für jeden leicht zu analysieren sind. Dazu gehört unter anderem eine am Himmel wandernde Erde (die Aufnahmen wurden in der Umlaufbahn geschossen). Damit sollte das Thema Mondlandungslüge hinreichend geklärt sein, wenn die Geschichte nicht noch zwei Pointen für uns hätte: Die geforderten Fotos mit Teleskopen und die berüchtigten Sterne am Himmel.

Sondenfotos

Im Jahr 2007 startete die japanische Mission *Selenological and Engineering Explorer (Selene)* zum Mond. Ziel waren u. a. die Kartographierung und Geologie der Oberfläche. Die Mission bestand aus drei Satelliten, die gemeinsam mit ihren Kameras in der Lage waren, eine dreidimensionale Kartierung durchzuführen. Unter anderem wurde auch der Landeplatz von *Apollo 15* abgedeckt und auch dafür ein 3-D-Höhenmodell erstellt. Da *Apollo 15* in der Region der tiefen Hadley-Rille gelandet war, eigneten sich die 1971 aufgenommenen Bilder sehr gut für einen Vergleich mit den 3-D-Modellen der *Selene*-Mission (für eine direkte Abbildung der Mondlandefähre hatten die Kameras ein zu geringes Auflösungsvermögen, siehe Kapitel 9). Das Ergebnis ist frappierend! Die Bilder der *Apollo*-Mission stimmen beinahe perfekt mit den Ergebnissen der *Selene*-Sonden überein. Die Sonde konnte einzelne Bergrücken und -gipfel sowie die Hadley-Rille exakt so darstellen, wie die *Apollo*-Astronauten sie aufgenommen hatten. Man kann nun natürlich einwenden, dass auch die *Selene*-Ergebnisse gefälscht seien. Man sollte mit so einem Argument jedoch vorsichtig sein, weil es die Arbeiten der modernen Wissenschaft grundsätzlich in Frage stellt und damit deren Nutzen für uns verneinen würde. Außerdem würden damit beliebigen Spekulationen die Tür geöffnet. Was das heißt, werde ich im nächsten Kapitel beleuchten. Ich meine hier zumindest, dass mit den 3-D-Modellen von *Selene* nicht nur die Echtheit der *Apollo*-Bilder unterstützt wird, sondern zumindest genauso die außerordentliche Leistung der *Selene*-Technik belegt werden konnte.

Wie ich in Kapitel 9 schon dargestellt habe, können die zurückgebliebenen *Apollo*-Geräte mit irdischen oder Orbitalfernrohren nicht beobachtet werden. Eine naheliegende und völlig logische Frage war natürlich, warum man dann denn keine Mondsatelliten bauen könnte, um die Landeareale aus

Abb. 14.7: Die Hadley-Rille am *Apollo-15*-Landeplatz. Foto: NASA/D. Scott. Nr.: AS15-82-11122.

wenigen Kilometern Höhe zu fotografieren. Das lag ganz einfach am fehlenden Geld für solche sehr teuren Projekte. Außerdem finden sich unter den für Raumfahrtprojekte verantwortlichen Personen zu wenige, die eine Diskussion über die Realität der Mondlandung als hinreichenden Grund für eine neue Mission empfinden. In ihren Augen sollte für das viele Geld mehr herauskommen, als ein paar Bilder für die Zweifler. Doch 2009 war es so weit, als der *Lunar Reconnaissance Orbiter (LRO)* zur Kartierung der Mondoberfläche startete. Die Sonde hatte neben verschiedenen Instrumenten auch leistungsfähige Teleskope und Kameras an Bord. Es war damit erstmals möglich, die *Apollo*-Landeplätze hochaufgelöst zu fotografieren.

Raumfahrtagenturen betreiben selbstverständlich Public Relation, um die Ziele und den Nutzen teurer Raumfahrtprojekte der Öffentlichkeit darzustellen. Nun bot sich mit dem *LRO* eine entsprechende Gelegenheit, um eine in der Gesellschaft weit diskutierte Frage zu beantworten. Die Sonde schaute also auch auf die Landeplätze sämtlicher Mondmissionen[42]. Die dabei gelieferten Aufnahmen zeigten nicht nur die Abstiegsstufen der Mondlandefähren

---

[42] Originalaufnahmen unter http://www.nasa.gov/mission_pages/
apollo/revisited/index.html

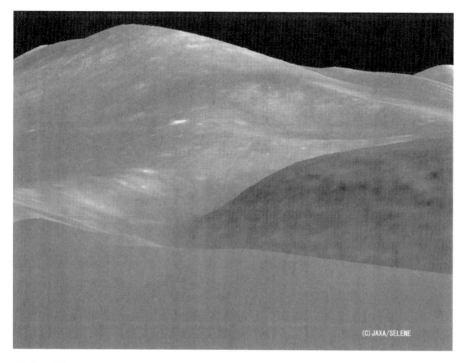

Abb. 14.8:   3-D-Umsetzung der *Selene*-Fotos der Hadlye-Rille am *Apollo-15*-Landeplatz. Foto: JAXA/Selene.

und ihre Schatten, sondern auch wissenschaftliche Instrumente und sogar Fußspuren der Astronauten.

Die Sterne am Himmel

In Kapitel 4 habe ich gezeigt, warum die Sterne auf den Fotos der Mondmissionen logischerweise fehlen müssen. Es lag im Grunde daran, dass die Astronauten Aufnahmen der Szenerie und der Landschaften machen mussten und ihre Aufgabe nicht darin bestand, astronomische Beobachtungen oder gar Messungen zu machen. Ich habe zugunsten der folgenden Betrachtungen darauf verzichtet, auf ein Experiment einzugehen, das genau solche Untersuchungen durchführen sollte. Es gibt in diesem Zusammenhang nämlich noch einen Beweis für die Mondlandung, der schlagender nicht sein kann. Er berücksichtigt astronomische Beobachtungen und die Himmelsmechanik.

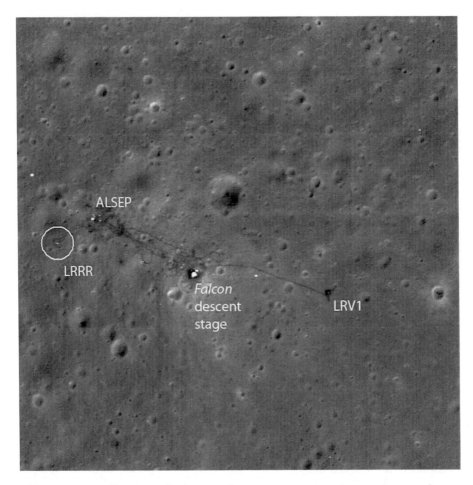

Abb. 14.9: *Apollo-15*-Landeplatz aufgenommen vom *Lunar Reconnaisence Orbiter (LRO)*. Der *Lunar Laser Ranging RetroReflector (LRRR)* ist eines der Instrumente, das identifiziert werden konnten. Foto: NASA/GSFC/Arizona State University.

Nur wenige Experten wissen, dass bei einem Flug auch astronomische Messungen durchgeführt und deren Ergebnisse umfangreich analysiert, ausgewertet und später mehrfach von der wissenschaftlichen Gemeinschaft geprüft wurden. Selbst ich als ausgebildeter Astrophysiker kannte diese Messungen viele Jahre nicht. Für die Landung von *Apollo 16* wurde ein astronomisches Teleskop für Beobachtungen der Sterne im ultravioletten Licht (UV) entwickelt[43]. Das Teleskop ist im Bild 8.1 direkt links hinter dem

---

[43] Die Originalpublikation findet sich unter http://www.opticsinfobase.org/ abstract.cfm?URI=ao-12-10-2501

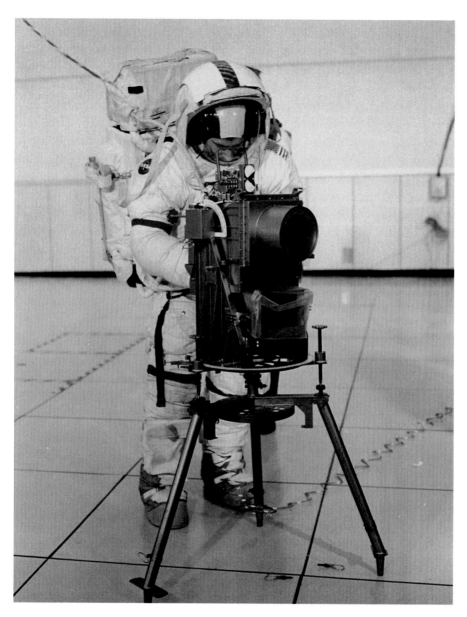

Abb. 14.10: Der Astronaut John Young beim Training mit der astronomischen UV-Kamera 1971. Foto: NASA. Nr.: AP16-S72-19739.

Astronauten John Young zu sehen. Ziel dieser Messungen waren einerseits massereiche Sterne, die im ultravioletten Licht besonders hell strahlen, sowie andererseits die Zusammensetzung des interstellaren Mediums. Weil unsere Atmosphäre sowie der Wasserstoff in der näheren Erdumgebung[44] dieses Licht jedoch blockieren bzw. überstrahlen, sind solche Messungen von der Erde aus unmöglich und deshalb beschränkte man sich auf diese Wellenlängen (für Beobachtungen im sichtbaren Licht braucht man nicht zum Mond fliegen, man kann sie auch auf der Erde durchführen). Das Teleskop lieferte fast 200 Aufnahmen von Galaxien, Nebeln und Sternen, die es bis dahin nicht gegeben hatte, und für die Astrophysiker waren sie ein Meilenstein. Erst zwei Jahre später wurden die *Apollo*-Daten durch den UV-Satelliten *TD-1* bestätigt. Und nachdem eine ganze Armada von Teleskopen in den Erdorbit geschossen wurde, gibt es heute keinen wissenschaftlichen Zweifel an der Richtigkeit der damaligen Ergebnisse. Die Aufnahmen stammen eindeutig aus dem Weltall. Nun könnte man logischerweise argumentieren, dass ein Satellit in einer Erdumlaufbahn diese Aufnahmen gemacht hat. Allerdings muss man dann erklären, was diese im ultravioletten Licht leuchtende Kugel mit komischen Streifen in einigen Bildern sein soll.

In Wirklichkeit sind genau diese Bilder ein Beweis für die Echtheit der Mondlandung. Das zeigt die Analyse mit einer Sternkarte. Zunächst stellt man fest, um welches Sternbild es sich handeln muss (es ist der Steinbock), und man kann die darin stehenden Sterne identifizieren. Allerdings stimmen die Sternhelligkeiten nicht ganz mit den bekannten Aufnahmen von der Erde überein. Also doch eine manipulierte Aufnahme? Keineswegs, die abweichenden Helligkeiten stimmen völlig mit der Erwartung überein. Sternkarten beziehen sich auf das Licht, welches vom menschlichen Auge wahrgenommen werden kann, also auf den sichtbaren Spektralbereich. Sterne, die im sichtbaren Licht relativ schwach leuchten, können jedoch wegen ihres Aufbaus im UV durchaus sehr leuchtstark sein. Das liegt an ihrer Temperatur. Man muss also das und die physikalischen Randbedingungen, die sich aus den verschiedenen Sterntypen ergeben, berücksichtigen. Die Typen der gut untersuchten hellen Sterne, aus denen sich die Sternbilder zusammensetzen, sind jedoch gut bekannt. Und tatsächlich, alle Sterne im Sternbild Steinbock, die bekanntermaßen sehr heiß sind und daher sehr stark im ultravioletten Licht leuchten, sind auf den *Apollo*-Aufnahmen hell abgebildet. Wie gesagt, solche Ergebnisse gab es vorher noch nicht und man konnte sie daher nicht fälschen, es waren beispiellose Pionierdaten. Und auf der Erde kann man das so keinesfalls beobachten. Damit ist der Beweis erbracht, dass die Daten zumindest im All aufgenommen wurden. Doch wurden sie auch auf dem Mond aufgenommen?

Die helle Scheibe mit den merkwürdigen Streifen ist tatsächlich die Erde, das wurde mehrfach durch spätere UV-Aufnahmen belegt. Die äquatorialen

---

[44] Für Experten: Es handelt sich hier um die geokoronale Emission in Lyman-alpha.

Abb. 14.11: Der Astronaut Charles Duke und die astronomische UV-Kamera 1971. Foto: NASA. Nr.: AS16-114-18439.

Strukturen sind angeregte Atome in der Atmosphäre und sie sind von einer nahen Erdumlaufbahn auch mit einem UV-Teleskop so nicht beobachtbar. Es wäre also schon ein gigantischer Zufall gewesen, wenn sie jemand phantasievoll hineingemalt hätte, um dann viel später als real erkannt zu werden. Ich gebe zu, dass man auch Zufälle nicht unter den Tisch fallen lassen darf, doch auch Zufälle sollten eine gewisse Wahrscheinlichkeit besitzen.

Um auch diesen, wenn auch außerordentlich unwahrscheinlichen „Zufall" zu beleuchten, können wir noch die Konstellation des Steinbocks auf der Sternkarte heranziehen, um den Ort und den Zeitpunkt der Aufnahme zu bestimmen. Da sich die Erde gemäß der Himmelsmechanik vom Mond aus

Abb. 14.12: Langbelichtete UV-Aufnahme der Erde im Sternbild Steinbock.
Foto: NASA. Nr.: AS16-123-19657.

gesehen relativ schnell in wenigen Stunden durch das Sternbild hindurch bewegt, können wir den Aufnahmezeitpunkt sogar sehr genau bestimmen. Genau diese Übung führte William Keel von der University of Alabama durch
und kann von jedem mit einem modernen Planetariumsprogramm für den
Computer wiederholt werden. Auf den Webseiten der NASA finden sich
dazu die Daten, wann verschiedene Arbeiten auf dem Mond durchgeführt
wurden, inklusive die Teleskopbeobachtung der Erde im Sternbild Steinbock.
Mit der Zeitangabe für die Aufnahme und dem bekannten Landeplatz von
Apollo 16 kann man nun mit dem Planetariumsprogramm den Blick zur Erde
simulieren und mit dem entsprechenden Bild aus dem Teleskop vergleichen.

Eine Analyse der astronomischen Beobachtungen auf dem Mond.
http://www.youtube.com/moonchecker.

Und siehe da, sowohl im Originalfoto von *Apollo 16* als auch im Planetariumsprogramm steht die Erde im Steinbock, und das bei exakt identischen Relationen zu den einzelnen Sternen. Damit ist bewiesen, dass die Aufnahme genau zu dem Zeitpunkt und von dem Ort gemacht wurde, wo sie im Logbuch der Astronauten aufgelistet ist. Dabei sind einige Sterne im Originalfoto im Gegensatz zur Sternkarte verschwunden und andere leuchten sehr viel heller. Doch das liegt erklärlicherweise an den unterschiedlichen Helligkeiten im sichtbaren Licht für die Sternkarten und dem unsichtbaren ultravioletten Licht der Mondaufnahme.

Wir sehen also: Auch auf dem Mond kann man Sterne am Himmel abbilden, indem man sein Instrumentarium anpasst. Dann jedoch sind Untersuchungen möglich, die auf der Erde unmöglich sind, weil es auf dem Mond keine störende Atmosphäre gibt. Mit der Erde als „Positionsanzeiger" können wir dann mit einer simplen Sternkarte den Ort und den Zeitpunkt der Aufnahme bestimmen (genau so wurde es früher auf der Erde von Navigatoren auf hoher See mit den Mondpositionen gemacht). Die so gelieferten Daten würde es allerdings nicht geben wenn der Mond eine Atmosphäre besitzen würde. Da an den auf dem Mond gewonnenen Daten nach eingehenden Prüfungen mit späteren Messungen jedoch kein wissenschaftlicher Zweifel besteht, kann es auf dem Mond weder eine Atmosphäre noch im Wind flatternde Fahnen geben.

Die Ergebnisse der Distanzmessungen, das Mondgestein, die Funksignale, das Malheur mit der *Apollo-12*-Farbkamera, die Daten der *Selene*-Mission und des *Lunar Reconnaisence Orbiter* sowie die astronomischen Messungen von *Apollo 16* sind schlagende Beweise für die Realität der Mondlandungen. Darüber hinaus haben wir gesehen, dass diese Beweise sogar geeignet sind, mehrere Unklarheiten simultan zu entkräften. Der Sprung von John Young vor der Flagge belegt nicht nur, dass es sich keinesfalls um eine Zeitlupe handeln kann und der Sprung tatsächlich im Schwerefeld des Mondes aufgenommen wurde, sondern man sieht nebenbei auch, dass sich die Flagge nicht bewegt hatte. Es gab also zumindest während der Filmaufnahme keinen Wind. Und die Sequenz vom Sturz Dave Scotts bei der vorherigen Mondmission belegt nicht nur die korrekte Zeitverzögerung der Funksignale, sondern auch, dass es sich wie bei Youngs Sprung ebenfalls nicht um eine Zeitlupe handeln kann. Das ist der Hintergrund von Occams Rasiermesser: Eine einzige Untersuchung kann mehrere Fragen beantworten. Und diese Fragen fügen sich zwanglos in andere Antworten ein. Es entsteht ein harmonisches Argumentationsgebäude ohne innere logische Widersprüche.

Ich erinnere jedoch noch einmal an meine Anmerkungen in Kapitel 3. Wenn wissenschaftliche Methoden von den Kritikern nicht akzeptiert werden, können wir einen Beweis im naturwissenschaftlichen Sinn niemals erbringen. Oder anders gesagt, wenn die obigen Belege durch Distanzmessungen oder Sondenfotos ebenfalls als gefälscht angesehen werden, ist eine Diskussion über die Realität der Mondlandung grundsätzlich unmöglich. Dann bliebe nur noch, dass jeder Kritiker unseren Trabanten besuchen müsste, um sich die Wahrheit persönlich anzuschauen.

Damit habe ich die wesentlichen kritischen Fragen zur Mondlandung aufgegriffen und untersucht und bin eigentlich am Ende meiner Betrachtungen. Allerdings ergeben sich aus den Thesen, Analysen und erneuten Widersprüchen einige grundlegende Fragen, die ich im nächsten Kapitel etwas genauer betrachten werde.

15

Was können wir lernen?

Die Mondlandung war sicherlich für die allermeisten Menschen ein höchst außergewöhnliches Ereignis, das die Sichtweise auf die Menschheit im Ganzen stark beeinflusst hat. Nicht nur die dazu notwendige Technologie übersteigt unsere Vorstellungskraft, sondern auch unsere Wahrnehmung als Gemeinschaft auf unserem Planeten. Eine der eindringlichsten Erfahrungen der Mondastronauten war nicht der Blick auf das Ziel ihrer Reise, sondern der Blick zurück auf eine „zerbrechliche" Erde. Im Rückblick sagen viele Astronauten, dass wir mit den *Apollo*-Missionen nicht den Mond, sondern die Erde entdeckt haben. Die Mondlandung war ein ganz besonderer Sprung für die Menschheit, doch die Geschwindigkeit technologischer Entwicklungen hat eher zu- als abgenommen. Es ist daher nur verständlich, dass Menschen angesichts technischer Höchstleistungen und einer wachsenden Komplexität unseres Lebens ins Staunen geraten und dabei auch Kritik und Zweifel aufkommen. Ich meine, beides sind gute Tugenden, die helfen, den Geist zu einem wachen Verstand zu entwickeln, und die das menschliche Leben besser machen. Allerdings bedeutet dieser Prozess auch, dass man Anstrengungen und Arbeit investieren muss. Der blanke Konsum von Behauptungen führt den Geist nicht weiter und wirkt sich in einer verwirrenden Welt verheerend aus. Einem Zuhörer in einem meiner Vorträge zum Thema erschienen meine Erläuterungen zu umfangreich und er forderte mich auf, doch etwas schneller vorzutragen. Das hingegen hätte zur Folge gehabt, dass ich die Argumente und Probleme der Zweifler an der Mondlandung, also auch seine, nicht in Ruhe hätte beleuchten und Methoden zur Analyse hätte anbieten können.

An dieser Stelle ist es angebracht, auf die Ursprünge der sogenannten Mondlandungslüge einzugehen. Dies ist insofern nötig, weil die entsprechenden Urheber der von mir besprochenen Thesen nicht nur einmal mit Büchern an die Öffentlichkeit gegangen sind und als Experten zu diesem Thema gelten. Ihre Thesen, die ich umfangreich analysiert habe, sind Bestandteil

Abb. 15.1:   Die Erde, wie sie von *Apollo 17* auf dem Weg zum Mond gesehen wurde. Foto: NASA/E. Cernan. Nr.: AS17-148-22726.

unserer Medienkultur geworden und sie haben damit einen Einfluss darauf, wie wir bzw. die Medien die Welt sehen. Ich fand heraus, dass der amerikanische Autor William Kaysing, ein Bachelor of Arts in Englisch, in seinem 1976 veröffentlichtem Buch *We Never Went to the Moon: Americas Thirty Billion Dollar Swindle* behauptete, die für eine Mondlandung nötige Technik hätte bis dahin nie existiert und somit hätten die Flüge nie stattfinden können. Er war der erste, der Sterne auf den Mondaufnahmen vermisste und verschiedene Schattenlängen „bemerkte", und zog daraus den Schluss einer Verschwörung durch die US-Regierung. Er behauptete, alle Aufnahmen seien im militärischen Sperrgebiet „Area 51"[45] gemacht worden und er, Kaysing, habe mehrere Mordanschläge der CIA überlebt.

---

[45] „Area 51" in Nevada als Teil des Luftwaffenbasis Nellis ist selbst Gegenstand verschiedener Verschwörungstheorien.

Kaysing, der 2005 starb, war nicht dumm. Er hatte mehrere Sachbücher geschrieben und war als ehemaliger Leiter für die technische Dokumentation bei der NASA-Zulieferfirma Rocketdyne über das amerikanische Mondprogramm umfänglich informiert. Sein Buch zur Mondlandung war nicht einfach nur eine Facette in der Literaturlandschaft, sondern es hatte erhebliche öffentliche Wirkung. Selbst angesehene Fernsehsender griffen die Thesen auf und machten sie einer breiten Öffentlichkeit bekannt. Trotzdem zeigen meine Betrachtungen in diesem Buch meine größte Skepsis gegen seine Behauptungen.

Leider wurden Kaysings Thesen nur von wenigen Autoren und Redakteuren kritisch untersucht, und so wurden seine Argumente Bestandteil der weltweiten öffentlichen Kultur. Mittlerweile gibt es eine ganze Reihe von Büchern, Webseiten und anderen Veröffentlichungen zum Thema. Und die weitaus meisten übernehmen Kaysings Aussagen ungeprüft und fügen weitere hinzu. So auch die Behauptung, dass verschiedene Astronauten als Geheimnisträger von der NASA umgebracht worden seien, so wie es in dem schon angesprochenen Hollywood-Streifen *Unternehmen Capricorn* (ich mag diesen Film wirklich) auf spannende Weise inszeniert wurde[46]. Die stetige Wiederholung von Behauptungen steigert nicht deren Wahrheitsgehalt, sondern erst deren Verifikation durch umfassende Analyse. Doch gerade die Wiederholungen haben dazu geführt, dass heute selbst in den bekannten Suchmaschinen des Internets an den ersten Stellen Verschwörungsseiten und ihr Widerpart aufgelistet werden, wenn man nach dem Begriff „Mondlandung" sucht. Offensichtlich hat das Thema das öffentliche Leben soweit durchdrungen, dass dessen Stellenwert dem der Mondmissionen beinahe gleichkommt.

Um nicht falsch verstanden zu werden, die Thesen gegen die Mondlandung und für eine Verschwörung sind legitime Beträge in einer offenen Diskussions- und Wissenschaftskultur. Ich begrüße sie! Sollen sie nicht nur der Unterhaltung dienen, darf man aber erwarten, dass sie sich der kritischen Prüfung stellen, um uns einen Wissensgewinn zu liefern. Wenn eine These widerlegt wird, sollte man sie nicht einfach fallen lassen und sich blind dem nächsten Argument zuwenden, sondern die eigene „Beweisführung" kritisch hinterfragen. Ich meine, man darf angesichts des überaus großen Erfolgs der wissenschaftlichen Aufklärung im 18. Jahrhundert die Wissenschaftsgeschichte nicht vernachlässigen und sollte die eigene Vorgehensweise umfangreich reflektieren, und dies durchaus im Dialog mit den Kritikern der eigenen Position. Denn es ist leichter, irgendwelche Behauptungen aufzustellen und zu verbreiten als diese inhaltlich zu analysieren und zu bewerten. Dies

---

[46] Man darf fragen, warum Kaysing selbst dann erst 2005, also fast 30 Jahre nach seinen „Enthüllungen", mit 83 Jahren eines natürlichen Todes gestorben ist.

besonders, wenn zur genauen Untersuchung Kompetenz und technischer Sachverstand nötig sind.

Was dabei herauskommt, wenn die Wissenschaft, ihre Geschichte, Methoden und Erfolge, ignoriert werden, sehen wir an den „Erkenntnissen" des in Kapitel 13 angesprochenen Ralph René. Neben seinen Behauptungen zu den Handschuhen der Raumfahrer zweifelte er die Gültigkeit der Newtonschen und der Einsteinschen Gravitationstheorien, des Archimedischen Prinzips und des Coulombschen Gesetzes an. Er war darüber hinaus überzeugt, dass das Sonnensystem nicht durch Gravitation, sondern durch elektrostatische Kräfte zusammen gehalten wird. Dabei kritisierte er, dass seine Untersuchungen von keinem seriösen Forschungsjournal publiziert wurden, und klagte damit die etablierte Wissenschaft an. Diese Klage ist legitim. Ich gebe aber zu bedenken, dass wissenschaftliche Untersuchungen wie z. B. die Laser-Abstandsmessungen und die geologischen Befunde des Mondgesteins durch strenge Peer-Review-Verfahren, also wissenschaftliche Kreuzbegutachtung durch fremde Wissenschaftler gehen. Diese bewährte Methode hat durchaus auch Schwächen und sollte immer wieder auf den Prüfstand gestellt werden. Allerdings trägt sie wesentlich zu unserem technologischen Fortschritt bei. Wissenschaftliche Erkenntnis steht immer im Zusammenhang mit dem bisher erarbeiteten Wissen, selbst wenn alte Erkenntnisse verworfen werden. Diese Einsicht hatte erstmals der Philosoph Bernhard von Chartres, als er um 1120 anmerkte „... *wir seien gleichsam Zwerge, die auf den Schultern von Riesen sitzen, um mehr und Entfernteres als diese sehen zu können – freilich nicht dank eigener scharfer Sehkraft oder Körpergröße, sondern weil die Größe der Riesen uns emporhebt*"[47] und damit nicht nur den alten Meistern der Antike seine Bewunderung und seinen Respekt aussprach, sondern auch einen Fortschritt im Kontext der Wissenschaftsgeschichte erkannte. Diese Tatsache anerkennend betrachtete Einstein seine Relativitätstheorie lediglich als eine „Modifikation" der Newtonschen Gravitationstheorie. Und Newton wiederum sah sich selbst als „Zwerg, der auf den Schultern von Riesen steht"[48]. Ralph René hingegen, der 2008 starb, hat die Abhängigkeit von der Wissenschaftsgeschichte stets negiert. Er bezeichnete sich auf Fragen nach seiner Ausbildung als *self-taught* und unterstrich damit implizit seinen fehlenden Bezug zu den alten Meistern.

Mir sind nur drei Reaktionen von beteiligten *Apollo*-Astronauten auf die Behauptungen der Verschwörungsanhänger bekannt. In den 1990er-Jahren hielt Jim Lovell (*Apollo 8* und *13*) Kaysing für eine „Knalltüte" und handelte sich daraufhin eine Beleidigungsklage ein, die vor Gericht jedoch abgewiesen wurde. Bart Sibrel, ein amerikanischer Filmemacher, ging mit seinen

---

[47] Johannes von Salisbury, *Metalogicon*, Herausgeber: John B. Hall, Turnhout 1991, S. 116.
[48] Brief an Robert Hooke, 5. Februar 1676

Aktionen noch weiter und unterminierte mit seinem Benehmen jeden kritischen Diskurs. Als er von Neil Armstrong (*Apollo 11*) verlangte, er solle auf die Bibel schwören, dass er auf dem Mond gewesen sei, lehnte Armstrong dies lakonisch und völlig zu Recht mit dem Hinweis ab, dass diese Bibel ja gefälscht sein könnte (Sibrel gab die magere Antwort, die Bibel sei wirklich echt). Die weitaus schlagkräftigste Erwiderung kam von Buzz Aldrin (*Apollo 11*) im Jahr 2002. Auch von ihm verlangte Sibrel, er solle auf die Bibel schwören, und als er dies ablehnte, beschimpfte Sibrel ihn plötzlich und unerwartet als Feigling, Lügner und Dieb! Sibrel war offenbar nicht klar, dass er sich durchaus eine Beleidigungsklage einhandeln konnte. Aldrin hingegen hatte seinen Doktor über Rendezvous-Manöver geschrieben, und ich habe die Phantasie, dass er sich in diesem Augenblick an das Newtonsche Prinzip von „Aktion und Reaktion" erinnerte. Der alte Herr von 72 Jahren verpasste Sibrel jedenfalls eine veritable Rechte, was nicht wenig Aufsehen in den Medien bewirkte und die Szene wurde weltberühmt.

Buzz Aldrin trifft Bart Sibrel.
http://www.youtube.com/moonchecker.

Die NASA verzichtete völlig auf eine Gegendarstellung. Ihre Passivität begründete sie mit dem Argument, dass die Beweislast bei den Verschwörungsanhängern liegt. Statt die eigenen Behauptungen logisch zu untermauern, führten sie dies wiederum als Argument an, dass die NASA etwas verheimlichen würde. Darüber hinaus hieß es plötzlich, alle Blaupausen der *Saturn*-Mondrakete seien verschwunden[49] und das ganze Mondgestein sei sowieso nicht echt.

Will man wirklich etwas lernen, kommt man um harte Arbeit nicht herum. Das wusste auch Ernst Stuhlinger, einer der Schlüsselpersonen bei der Entwicklung des amerikanischen Mondprogramms, als er sagte: „Der Weg zum Glauben ist kurz und bequem, der Weg zum Wissen lang und steinig". Er verwies damit auf die Notwendigkeit von Bildung und Beharrlichkeit, um eine komplexe Welt erfassen zu können. Geistige Zerstreuung liegt in der menschlichen Natur und unsere Welt ist wahrlich anstrengend genug,

---

[49] Alle Baupläne der *Saturn-V*-Rakete sind auf Mikrofilmen in den Archiven des National Space Science Data Center archiviert.

um sich nicht auch unterhaltsame Entspannung zu gönnen. Als bekennender Fan der Fernsehserie *Raumschiff Enterprise* mit all dem Quatsch darin, habe ich kein Problem mit Zerstreuung. Wenn Unterhaltung jedoch Verwirrung und Verunsicherung erzeugen, schlägt sich das in der Reduzierung von Lebensqualität nieder. Immanuel Kant schrieb schon 1784[50]: *„Aufklärung ist der Ausgang des Menschen aus seiner selbstverschuldeten Unmündigkeit. Unmündigkeit ist das Unvermögen, sich seines Verstandes ohne Leitung eines anderen zu bedienen. Selbstverschuldet ist diese Unmündigkeit, wenn die Ursache derselben nicht am Mangel des Verstandes, sondern der Entschließung und des Mutes liegt, sich seiner ohne Leitung eines andern zu bedienen. Sapere aude! Habe Mut, dich deines eigenen Verstandes zu bedienen! ist also der Wahlspruch der Aufklärung.“*

Neil Postman formulierte genau dies 1985 in Bezug auf die Mediengesellschaft in seinem Buch *Wir amüsieren uns zu Tode*. Er meinte, dass wir uns von einer inhalts- zu einer unterhaltungsorientierten Gesellschaft bewegen und damit die Reflexion der vermittelten Inhalte verhindern. Er warnt davor, nur noch passiv und reflektionslos zu konsumieren, weil damit die für eine stabile Gesellschaft nötige Urteilskraft leidet. Das Risiko eines Wegs hin zu totalitären Gesellschaften sah er in Entwicklungen im Sinne der Beschreibungen von Aldous Huxley in dessen Buch *Schöne neue Welt*, in dem die Menschen nicht wie in Orwells *1984* unterdrückt werden, sondern sich durch den Konsum von Unterhaltung selbst entmündigen. Postmans Befürchtungen haben sich in weiten Teilen bewahrheitet. Kant sagt dazu wiederum: *„Faulheit und Feigheit sind die Ursachen, warum ein so großer Teil der Menschen, nachdem sie die Natur längst von fremder Leitung freigesprochen (naturaliter maiorennes), dennoch gerne zeitlebens unmündig bleiben; und warum es anderen so leicht wird, sich zu deren Vormündern aufzuwerfen. Es ist so bequem, unmündig zu sein.“*

Trotzdem erfahren Verschwörungstheorien (die Mondlandung ist nur ein Beispiel von vielen) heutzutage einen wahren Boom. Sie werden immer wieder verbreitet und mit Unwahrheiten angereichert. Ich sehe dabei Analogien zum passiven Konsum im Postmanschen Sinne. Es ist wie Werbung, man muss es nur oft genug wiederholen, dann glauben es die Menschen auch. Dabei ist nicht ganz klar, was die Verschwörungspropheten bewegt. Ginge es um einen finanziellem Antrieb durch den Verkauf von Thesen, wäre das ja kein Verbrechen. Dies weisen die entsprechenden Autoren in der Regel allerdings von sich und deklarieren sich zu Aufklärern einer unwissenden Welt. Wenn das stimmt, offenbart sich jedoch ein erschreckender Mangel an analytischer Bildung. Sicher ist, dass entsprechende Behauptungen eine Interpretation der Weltgeschichte propagieren, die mehr Verunsicherung verbreitet,

---

[50] Berlinische Monatsschrift. Dezember-Heft 1784. S. 481-494

als Klarheit zu schafft. Ob in den Pyramiden von Gizeh trotz einer großartigen und schlüssig erforschten ägyptischen Geschichte Landezeichen für Außerirdische gesehen oder die Attacken verblendeter Verbrecher am 9. September 2001 in den USA als Regierungsintrige interpretiert werden, macht qualitativ keinen Unterschied.

Warum Menschen trotz eindeutiger Sachlage Verschwörungstheorien anhängen, haben die Psychologen Michael Wood, Karen Dougles und Robbie Sutton von der University of Kent untersucht[51]. Durch eine Befragung von Psychologiestudenten stellten sie fest, dass selbst sich gegenseitig ausschließende Erklärungen als realistische Ursachenoption betrachtet werden. Dies kulminierte in einem merkwürdigen Befragungsergebnis. Die Behauptung, dass Prinzessin Diana ihren eigenen Tod nur vorgetäuscht hat, korrelierte signifikant mit der Vermutung, dass sie ermordet wurde! Daraus lässt sich schließen, dass nicht die Inhalte der Verschwörungstheorien als wichtig wahrgenommen werden, sondern der *generelle* Glaube an solche Theorien und deren Passgenauigkeit in die eigenen Vorstellungen. Man nennt das „Vorurteile". Die Autoren verweisen auf Parallelitäten zu den Untersuchungen des Philosophen und Soziologen Theodor Adorno über sich widersprechende antisemitische Thesen und geben zu bedenken, dass Verschwörungstheorien offenbar potenziell ideologische Züge aufweisen.

Der Astrophysiker Harald Lesch sagt dazu: „*Wir wissen ja, ... dass wir über viele Dinge in unserem normalen Leben schon allein deswegen nicht mehr Bescheid wissen können, weil sie zu kompliziert geworden sind. Jeder von uns ist letztlich darauf angewiesen, anderen Menschen zu vertrauen ... Hinter der Vorstellung, dass hinter einer solchen Aktion wie der Mondlandung eine großangelegte Verschwörung steckt, steht ein Weltbild, das nur mit allertiefstem Misstrauen ... verbunden ist. Man traut den Menschen Dinge zu, die man offensichtlich sich selbst zutraut. Man würde in diesem Moment genau so etwas getan haben.*"

Das ist ein nicht uninteressanter Aspekt für die derzeit wohl aktuellste Verschwörungstheorie – die kriminellen Anschläge am 11. September 2001 in den USA. Ich möchte hier nicht die Geschichte dieser Theorie entfalten. Doch ich zeige an einem Beispiel, wie man auch hier mit etwas Recherche und Logik einem Verschwörungsargument beikommen kann. Die These: **Von dem Flugzeug, welches angeblich in das Pentagon gestürzt ist, blieb nichts übrig. In Wahrheit wurden die Twin Towers und das Pentagon zwecks Verunsicherung der Gesellschaft durch Agenten der Regierung gesprengt**[52].

---

[51] Social Psychological & Personality Science, 2012, DOI: 10.1177/1948550611434786. Die Publikation findet sich unter http://m.spp.sagepub.com/content/early/2012/01/18/1948550611434786.full.pdf

[52] Solch eine „Verunsicherung" durch eine Regierungsverschwörung war angesichts der Geschichte nach den Attacken gar nicht nötig, das haben Terroristen schon durch frühere Angriffe geschafft. Zwei Kriege wurden angezettelt, Bürgerrechte mit Füßen getreten und

Wo ist also das Flugzeug geblieben? Ist es überhaupt verschwunden? Die Mauern des Pentagon bestehen zwar aus massiven Backsteinen, doch tatsächlich werden die Außenmauern durch Stahlträger getragen, welche mit Backsteinen ausgemauert wurden. Im Gebäudeinneren finden sich ebenfalls Stahlsäulen. Klar ist: Mit ihrer sehr hohen Bewegungsenergie, als würden über 4000 VW-Käfer mit Höchstgeschwindigkeit angesaust kommen, konnte die Boeing 757 problemlos in das Pentagon eindringen und wurde dabei an den Stahlsäulen zerfetzt, weil sie in weiten Teilen aus weichem Aluminium besteht (bei den Fernsehaufnahmen am World Trade Center sieht man genau das). Im Gebäudeinneren angekommen, explodierte dann der Treibstoff.

Alle Maschinen waren nach dem Start noch nicht lange unterwegs, die Tanks waren mit etwa 40 Tonnen Kerosin also gut gefüllt, die Flugzeuge mit rund 120 Tonnen relativ schwer und sie hatten beim Einschlag eine hohe Geschwindigkeit von rund 700 Kilometer in der Stunde. Mit diesen Werten und dem Energiewert von Kerosin kann man mit dem physikalischen Wissen der Schule schnell feststellen, dass der Energieinhalt des Kerosins rund 750 Mal größer war als die Bewegungsenergie des vollgetankten Flugzeugs. Das ist nicht verwunderlich, da im Treibstoff genug Energie gespeichert sein muss, um ein Flugzeug stundenlang in der Luft zu bewegen. Der Energieinhalt des Kerosins entspricht dem von rund 350 Tonnen TNT. In den Gebäuden wurde also die Energie einer kleinen Atombombe freigesetzt. Es ist somit überhaupt kein Problem, ein Flugzeug, das im Wesentlichen aus Aluminium besteht, so zu zerfetzen, dass nichts mehr von ihm übrig bleibt. In Wirklichkeit wurden alle massiven Bauteile (Triebwerksturbinen, Fahrgestellteile etc.) nicht völlig zerstört und später auch gefunden. Im Internet finden sich schnell Bilder von Fahrwerken und Triebwerken, die nach den Attacken noch auf den Straßen liegen. Das zusammen erklärt, warum die angreifenden Flugzeuge mit ihrer Bewegungsenergie und ihrer Masse in die Gebäude eindringen konnten und danach im Inneren die enormen Schäden mit ihrer vollen chemischen Energie anrichten konnten. Man sieht, auch hier ist nur eine kleine Analyse nötig, um die Thesen derjenigen zu entkräften, die eine Verschwörung sehen.

Interessant sind somit nicht die falschen Behauptungen zu den Attacken in den USA. Es waren kriminelle Aktionen, die bei nüchterner Betrachtung keiner Kriege bedurft hätten, sondern der Befolgung des „Übereinkommens von Montréal" zur Vereinheitlichung bestimmter Vorschriften über die

Freiheiten eingeschränkt. Und jeder ausländische Besucher der USA wird heute schon bei der Einreise wie ein Krimineller erfasst. Diese „Maßnahmen" der US-Regierung werden dabei von der Mehrheit der US-Bürger unterstützt. Sollte das alles eine Aktion der Regierung sein, darf man fragen, warum jede läppische „Sexaffäre" eines US-Präsidenten an die Öffentlichkeit kommt, nicht aber ein solch gigantischer Betrug.

Beförderung im internationalen Luftverkehr[53]. Spannender ist vielmehr die Frage, was einige Leute mit ihren Thesen in Wirklichkeit bewegt und was sie mit ihren Behauptungen bezwecken.

Eine fundamentale und durchaus allumfassende Behauptung möchte ich nicht übergehen. Diese lautet: **„Juri Gagarins Weltraumflug war ebenfalls ein Fake und die USA konnten, auf die Verschwiegenheit der Sowjetunion vertrauend, acht Jahre später ihre Mondlandung inszenieren."**

In der Tat: Wäre das wahr, welchen Regierungen sollten wir in dieser Welt dann noch trauen können? Man mag als Antwort diese These beiseite wischen, weil sie in ihrer Monströsität kaum widerlegbar scheint. Das ist im Sinne eines wissenschaftlichen Beweises für ein historisches Ereignis durchaus richtig. Doch es gibt geschichtliche Betrachtungen, die uns zumindest eine Vorstellung davon geben, ob wir Grund zur Beunruhigung haben. Man darf dazu fragen, ob der Kalte Krieg in jenen Jahren nur ein ungefährliches und abgekartetes Spielchen der beiden Supermächte war. Und ob die mehreren Tausend Atomwaffen, die die Menschheit unter dem Motto „Overkill" gleich mehrfach hätten umbringen können, nur eine freundliche Abmachung auf Gegenseitigkeit waren. Als jemand, der den Kalten Krieg selbst erlebt hat, bewerte ich ein solches Argument als fahrlässig. Es verharmlost einen Zustand, bei dem mehrere Millionen Soldaten sich bis an die Zähne bewaffnet gegenüber standen, um sich im Ernstfall gegenseitig umzubringen. Und dies mit Waffen, deren Zerstörungskraft jedes Vorstellungsvermögen sprengen. Um sich eine wenn auch geringe Vorstellung davon machen zu können, verweise ich die jüngeren Leser auf das heutige Pulverfass an der innerkoreanischen Grenze.

Die Geschichtsarchive zeigen, dass die Raumflüge auch als Propaganda zur Darlegung der Überlegenheit des jeweiligen Systems angesehen werden müssen und der Darstellung der Beherrschbarkeit tödlicher Waffentechnik diente. So entwickelte die Sowjetunion genau wie die USA eine Mondrakete. Die *N1* war etwa so groß wie die amerikanische *Saturn V*, hatte eine ähnliche Startmasse, entwickelte jedoch etwa 30 % mehr Startschub. Bis zum Zusammenbruch des Ostblocks war im Westen wenig über die *N1* bekannt, und erst danach lernte auch die breite Öffentlichkeit, dass alle vier Starts der *N1* mit unbemannten Mondkapseln zwischen 1969 und 1972 scheiterten. Die Sowjets waren also durchaus „im Rennen" um den „Mondpokal" und die amerikanischen Ingenieure konnten sich nicht entspannt zurücklehnen. Heute weiß man, dass die technologischen Gründe für den russischen Misserfolg in der komplexen Triebwerkstechnik zu suchen sind. Ursächlich waren jedoch zwei miteinander konkurrierende Teams, die sich aus

---

[53] Eine deutsche Übersetzung des Übereinkommens von Montréal findet sich unter http://www.transportrecht.org/dokumente/Montreal1999dt.pdf

Unstimmigkeiten über genau diese Triebwerksentwicklung voneinander trennten und kein Wissen mehr austauschten. Es ist eine interessante Frage, wie das Rennen um die erste Mondlandung wohl ausgegangen wäre, hätten die Sowjets ihre *N1* koordiniert von einer einzigen Ingenieurgruppe bauen lassen, statt die Arbeit zu zerfasern und in Geheimnistuerei zu verfallen. Daher ist ein „Schweigeabkommen" zwischen den damaligen Gegnern völlig abwegig. Warum hätte der Osten eine Verschwörung der Amerikaner dulden sollen, wenn sie selbst gerade bei dem Rennen um technologisches und politisches Prestige spektakulär gescheitert sind?

Geschichte entsteht niemals ohne Zusammenhang und das Wettrennen zum Mond kann nur in Verbindung mit der politischen Entwicklung in jener Zeit verstanden werden. Dazu gehörten so kritische Ereignisse wie die Kuba-Krise, die Errichtung der Berliner Mauer oder der Vietnam-Krieg der USA. Diese geschichtlichen Zusammenhänge muss man berücksichtigen, wenn man eine Verschwörung von USA und Sowjetunion postuliert. Für manche Leute bin ich mit meinen Erläuterungen nun ebenfalls Teil dieser Verschwörung. Man hat mich seit Beginn meines Physikstudiums „umgedreht", um Teil einer Weltlüge zu sein. Selbstverständlich hat man mich so gut trainiert, dass ich meine falschen physikalischen Argumente dem Leser überzeugend andrehen kann. Auf solche Vorwürfe habe auch ich keine Antwort mehr, weil mir meine persönliche Integrität abgesprochen wird. Hier manifestiert sich ein fundamentales Misstrauen, das die Welt und ihre Akteure, also die Menschen, negiert. Ein Misstrauen, das den Menschen Betrug unterstellt, weil man davon ausgeht, dass Menschen so etwas tun, weil wir eben alle Schurken sind.

Ich kann damit gut leben, weil ich keinen Umgang mit Leuten pflege, die mir nicht wohlgesonnen sind. Das Verhalten dieser Menschen wäre generell kein Problem, würden die großen Multiplikatoren, also Medien und ihre Macher, nicht zugunsten von Verkaufszahlen und Einschaltquoten ungeprüft Behauptungen übernehmen und verbreiten und somit ihrer staatsbürgerlichen Verantwortung als Vertreter der „vierten Gewalt" kaum nachkommen. Genau das ist bei der freiwilligen Gleichschaltung der Medien beim „Krieg gegen den Terror" in den USA geschehen, und solche Mechanismen drohen sich auch in Europa zu etablieren. Genau vor dieser Bedrohung für eine demokratische Bürgergesellschaft hatte Neil Postman gewarnt, und der Astronaut Buzz Aldrin sagt dazu: *„Ich finde, dass Leute, die junge Menschen, also künftige Entscheidungsträger, absichtlich und nur zum eigenen Nutzen irreführen, dafür die Verantwortung tragen sollten."*

Auch in Zukunft werden Zweifel an geschichtlichen Ereignissen laut werden. Das ist im Sinne eines kritischen Geistes gut und festigt nicht nur eine

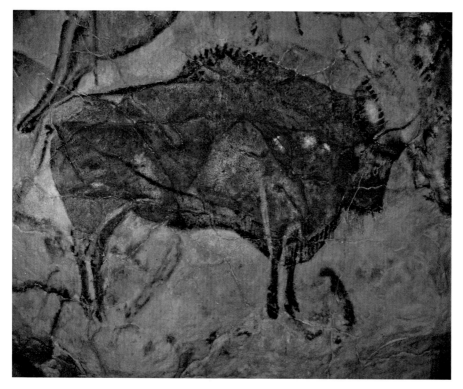

Abb. 15.2:   Wandmalerei in der Höhle von Altamira. MNCN-CSIS, Spanien.

diskursdominierte Gesellschaft. Dazu gehört jedoch eine gute Recherche, Logik und gesunder Menschenverstand. Die Welt ist so undurchschaubar und kompliziert, dass immer wieder Menschen Wege aus der Verunsicherung suchen und dabei die Orientierung verlieren. Und genauso wird es weiterhin Bücher mit unsinnigem Inhalt geben, nur um irgendwie Geld zu machen. Dabei ist es egal, ob es das Bermuda-Dreieck oder die Landebahnen Außerirdischer in Peru sind. Man sollte sich jedoch zu Widerspruch trauen. Dies muss nicht bei allen Themen sein. Es reicht, wenn man sich in ein einziges Thema ein wenig vertieft und Skepsis pflegt.

Trotzdem, den Erfolg der „Mondlandungslüge" kann man nicht von der Hand weisen. Was bringt Menschen also dazu, an Dinge zu glauben, die bei rationaler Betrachtung in sich zusammenfallen? Wie kommt es, dass Menschen nicht auf wissenschaftliche Erklärungen und analytische Untersuchungen zurückgreifen, sondern eher glauben als prüfen? Ich hatte den Kontrast zwischen passivem Konsum und aktiven Fragen schon angesprochen, doch kann das nicht die alleinige Antwort sein. Zumindest ich wurde durch

Menschen angeregt, diesen Fragen nachzugehen, die ihr Leben keinesfalls passiv gestalten. Ich glaube, der fruchtbare Boden, auf den die Mondlandungslüge fällt, wird ausgerechnet von der modernen und von Wissen dominierten Welt bereitet. Die menschliche Geschichte besteht aus Glauben und Mythen, aus Erzählungen, die uns in der Welt Orientierung gaben. In einer rationalen und für alles eine Erklärung liefernde Welt drohen diese Mythen verdrängt zu werden. Mir scheint, Menschen wiedersetzen sich einer alles erklärenden Logik und suchen weiterhin Spiritualität. Bei einem schönen Sonnenuntergang denke auch ich nicht an einen Fusionsofen, den ich dort zweifellos gerade sehe, sondern habe ein ästhetisches Empfinden. Das macht uns Menschen aus, ja unterscheidet uns sogar von den Tieren. Insofern wäre es fatal, moderne Mythen und den Glauben an z. B. Geister oder Außerirdische auf der Erde als reine Dummheit zu verurteilen. Wir sollten akzeptieren, dass der Wunsch nach Unerklärbarem eine Geschichte hat, die bei den ersten Höhlenzeichnungen des eiszeitlichen Homo sapiens beginnt und offensichtlich noch immer in uns lebt.

Problematisch wird es dann, wenn neue Glaubensthesen als beweisbar dargestellt, also mit wissenschaftlichen Methoden verbunden werden. Im Gegensatz zu Religionen, die nie behauptet haben, dass Spritualität beweisbar sei, versuchen moderne Vertreter von Glaubensthesen ihre Ansichten mit Wissenschaft zu untermauern. Doch damit ist das inhaltliche Scheitern von Technologie- und Ufo-Sekten vorprogrammiert. Die Naturwissenschaften können Spiritualität und Glauben nicht „beweisen", dazu sind ihre axiomatischen und deduktiven Werkzeuge nicht gemacht. Daher kann ich aus wissenschaftlicher Sicht z. B. nichts zu meinem Glauben sagen. Das wusste auch der Mönch Wilhelm von Occam, und so konnte er seinen Glauben problemlos mit einer rationalen Weltbeobachtung verbinden, und deshalb arbeiten heute Priester des Vatikan an der wissenschaftlichen Front der modernen Astrophysik. In meinen Augen ist es nicht einmal ein Problem, die Mondlandung als Lüge zu betrachten. Man sollte dann jedoch lieber nicht analytische Methoden für die Prüfung fordern, weil die Deduktion hier eine eindeutige Antwort gibt.

Auch wenn Verschwörungsanhänger darauf verweisen, dass angeblich eine Mehrheit aller Menschen an die Mondlandungslüge glaubt[54], heißt das noch nicht, dass die Mehrheit richtig liegt. Die Wahrheit findet man nicht per Abstimmung. Ich meine, dass es angesichts ihrer unhaltbaren Argumente an der Zeit ist, die Verschwörungsanhänger frontal und mit ihren eigenen Fragen zu konfrontieren. Wir verlangen den Beweis, dass sie ihre Behauptungen nicht aus Geldgier aufstellen. Und wir verlangen den Beweis, dass sie selbst an ihre

---

[54] Diese Behauptung ist aus der Luft gegriffen. Nach unterschiedlichen Umfragen glauben etwa 5 % der US-Bürger nicht an die Mondlandung.

Thesen glauben. Neil Armstrong hatte recht, als er Bart Sibrel mit der Feststellung konfrontierte, dass die Bibel, auf die er schwören sollte, ja gefälscht sein könnte und Sibrel damit schlecht aussehen ließ[55]. Der NASA-Experte für Orbitalmanöver und Wissenschaftsjournalist Jim Oberg bezeichnete die Mondlandungsgegner als „Kulturvandalen" und setzt damit die Kantschen Bemerkungen zur Aufklärung in einen modernen Kontext. Ich meine, wir sollten uns unseren Geist und unsere kulturellen und wissenschaftlichen Errungenschaften nicht von Leuten vernebeln lassen, die die Wissenschaft mit Füßen treten.

Interessanterweise wird oft übersehen, dass der von mir schon angedeutete Widerspruch zwischen moderner Aufklärung und technologischem Fortschritt einerseits und Mythen und Spritualität andererseits lediglich eine Frage der Interpretation ist. Über die Mondmissionen gibt es mittlerweile mehrere bemerkenswerte Dokumentarfilme, die den Weg zur Mondlandung in kompakter Form darstellen und die ich hier als Motivation anführe, sich eingehender mit den technischen, wissenschaftlichen, aber auch kulturellen Aspekten der Mondlandung auseinanderzusetzen – sie finden sich auch im Internet. Diese wundervollen Werke spiegeln technische aber auch menschliche Aspekte des Unternehmens wider. Die Filme geben zumindest ansatzweise einen Eindruck davon, was hinter modernen Raumfahrtmissionen steckt, egal ob bemannt oder unbemannt. Ob man an die Realität der Mondlandung glaubt oder nicht, spielt dabei überhaupt keine Rolle. Die Entwicklungen und deren Erfolg, wiedergegeben in Bild und Ton, liefern Ästhetik, Bewunderung und Staunen. Diese Filmdokumente können, ähnlich wie die Felszeichnungen unserer Vorfahren, als große Erzählungen unserer Zeit angesehen werden.

For all mankind von Al Reinhard (1989) ist eine sehr meditative, ja fast hypnotische Dokumentation der *Apollo*-Flüge. Wesentlichen Anteil daran hat die Musik des bekannten Komponisten Brian Eno. Der Film setzt sich fast komplett aus Filmen der Astronauten zusammen und wird auch von ihnen erzählt. Ihre Kommentare liefern daher Eindrücke und Erfahrungen aus erster Hand.

---

[55] Sibrel produzierte den Film *A Funny Thing Happened on the Way to the Moon*, in dem er die Mondlandungen als gelogen darstellt. Professionell und sehr suggestiv greift er die typischen Argumente der Zweifler auf, arbeitet dabei jedoch mit Halbwahrheiten oder angeblichen Fakten, die schlicht falsch sind. Als angeblicher Kronzeuge wird sogar Neil Armstrong herangezogen. In einer Rede vor jungen Studenten habe Armstrong mit „kryptischen Worten" angeblich sogar seine Tränen zurückhalten müssen. Nur wer Armstrong nie vorher in Interviews gesehen hat, kommt auf die Idee, dass er „den Tränen nahe" sei. Das ist wie die Annahme, dass die frühere Bundestagspräsidentin Antje Vollmer im Bundestag heult, nur weil sich ihre Stimme schnell überschlägt. Wer nicht überall Verschwörungen sieht, sondern bei den Fakten bleibt, kann aus Armstrongs Rede hören, dass er die jungen Menschen motiviert, auch zukünftig neue Entdeckungen zu machen.

Im Schatten des Mondes von David Sington (2007) – Der auf dem *Sundance Film Festival* preisgekrönte Film beleuchtet nicht nur die technischen Aspekte des amerikanischen Mondprogramms, sondern lässt insbesondere die Astronauten zu Wort kommen. Die persönlichen Eindrücke und Erinnerungen der Männer geben dem Film eine sehr persönliche Note, die uns durchaus Anleitung für die zukünftige Menschheitsentwicklung sein kann.

The Moon Machines von Nick Davidson und Christopher Riley (2008) – Die im Rahmen einer „Space Week" von Discovery Communications produzierte und vom Science Channel ausgestrahlte sechsteilige Fernsehserie beleuchtet in einem Rückblick die außerordentlichen technischen Probleme und Entwicklungen, die für den Flug zum Mond nötig waren. *Moon Machines* dokumentiert die achtjährigen Anstrengungen der rund 400 000 beteiligten Menschen bei der Herstellung der Ausrüstung. Die Folgen lauten: *Moon machines* – 1. Saturn V – 2. Command Module – 3. Navigation – 4. Lunar Module – 5. Suits – 6. Lunar Rover.

Alle drei Filme behandeln und beantworten eine ganze Reihe von kritischen Anmerkungen der Mondlandungszweifler und widerlegen diese direkt. Die Filme zeigen aber auch, dass Verschwörungsanhänger mit ihren wenig durchdachten Argumenten bedauerlicherweise die Arbeiten von cleveren und intelligenten Entwicklern in Abrede stellen, die in ihrer Bescheidenheit und Klarheit von Publicity unabhängig sind und sich damit so sehr von den Zweiflern der Mondlandung unterscheiden.

Wir sehen also, es ist möglich, sich gegen unwahre Behauptungen zu schützen. Dies ist angesichts eine extremen Medienflut auch dringend nötig, selbst wenn es etwas Zeit kostet. In jedem Fall reichen subjektive Spekulationen und ungeprüfte Quellen zur Betrachtung von historischen Ereignissen und technischen Entwicklungen sowie deren Bewertung nicht aus. Stattdessen helfen Logik und gesunder Menschenverstand, auch komplexe Sachverhalte zu verstehen. Dabei bewahrt uns die breite und emotionslose Streuung von Informationsquellen auch im Alltag vor Scharlatanerie und offensichtlichem Unsinn. Eine derartige Herangehensweise ist in allen Bereichen des täglichen Lebens hilfreich und sinnvoll. Das wissen auch die Astronauten, die zum Mond flogen, und daher überlasse ich einigen von ihnen das letzte Wort zu diesem Thema:

*   „Wenn zwei Amerikaner ein bedeutendes Geheimnis teilen, wendet sich mindestens einer von ihnen direkt an die Presse, und Sie glauben doch nicht im Ernst, dass tausende Amerikaner dann dicht halten würden." (Michael Collins – *Apollo 11*)
*   „Wir sind neun Mal am Mond gewesen. Wenn das gefälscht wäre, warum hätten wir das neun Mal fälschen sollen?" (Charles Duke – *Apollo 16*)

- „Die Wahrheit bedarf keiner Rechfertigung. Meine Fußabdrücke auf dem Mond kann mir nichts und niemand mehr nehmen." (Eugene Cernan – *Apollo 17*)

16

Technik, Geld und
die Rückkehr zum Mond

Noch immer hat der Mond eine für den Menschen große Anziehungskraft. Er wirkt spürbar auf unser Leben (Schlaf, Gezeiten) und hat auf die meisten auch eine emotionale Ausstrahlungskraft. Wer schaut ihn nachts nicht gern an? Bei aller Diskussion um die Realität der Mondlandungen werde ich daher immer wieder gefragt, ob der Mensch unseren Trabanten wieder besuchen wird. Nach dem außerordentlichen Erfolg der Mondflüge fragen sich selbstverständlich viele Menschen, warum die Amerikaner diese Flüge aufgegeben hatten und warum die Sowjets es nicht mehr versucht haben. Immerhin ist er als Sehnsuchtsziel aller Raumfahrer die erste Station auf dem Weg zu den Planeten. Und da ich das deutsche Raumfahrtprogramm mitgestalte, fragt man mich, ob wir das in absehbarer Zukunft wieder tun werden. Eine Antwort auf diese Frage ist angesichts der enormen Geschwindigkeit technologischer Entwicklungen nicht leicht. Wer hätte vor 30 Jahren schon die Wirkung des Internets vorausgesagt? Trotzdem gibt es Anhaltspunkte, mit denen wir unsere Zukunft im All zumindest abschätzen können. Eine abgewogene Bewertung machbarer Technologien sowie die realistische Berücksichtigung des zu erwartenden Aufwands und der Kosten können dafür ein probates Mittel sein.

Zunächst muss man akzeptieren, dass in den 50er- und 60er-Jahren des letzten Jahrhunderts außergewöhnliche Bedingungen herrschten, unter denen die bemannte Raumfahrt förmlich aufblühte. Die allermeisten Voraussetzungen, wie ich sie in Kapitel 2 angerissen habe, liegen heute jedoch nicht mehr vor. Die Nachkriegszeit und der Kalte Krieg sind vorbei. Die Welt folgt im Wesentlichen ökonomischen Bedingungen und die Gegnerschaft zweier

Abb. 16.1: Der erste Motorflug der Gebrüder Wright am 17. Dezember 1903 in Kitty Hawk (North Carolina). Foto: www.wright-house.com/wright-brothers.

Systeme ist nüchterner und kostenorientierter Planung gewichen[56]. Lediglich die politischen und öffentlichkeitswirksamen Mechanismen haben sich kaum geändert. Egal, ob der Mond oder der Mars, beinahe alle amerikanischen Präsidenten verkünden irgendwelche neuen Raumfahrtpläne. Doch politischer Wille allein reicht für neue Raumfahrtprojekte nicht aus. Sowohl die finanziellen als auch die technologischen Möglichkeiten müssen vorhanden sein.

In der Postkutschenära meinten angesehene Ärzte, dass bei Geschwindigkeiten von über 50 Kilometern pro Stunde die Lunge eines Menschen vom Fahrtwind aufgeblasen und platzen würde, sobald er dabei den Mund öffnet. Diese Vermutung wurde widerlegt, als zu Beginn des 19. Jahrhunderts die ersten Dampflokomotiven entwickelt wurden und sagenhafte 60 Kilometer pro Stunde fahren konnten. Die mit Zylinderhut ausstaffierten

---

[56] Am 21. Oktober 2011 startete erstmals eine russische *Sojus*-Rakete vom europäischen Raketenstartplatz in Kourou, um eine höhere Tragfähigkeit und damit Reduzierung der Kosten für den Transport zweier Navigationssatelliten zu erreichen. In Zeiten der Mondlandung war ein Start beim „Gegner" völlig undenkbar.

Lokomotivführer galten damals als todesmutige Helden, denn die Dampf-
kessel explodierten hin und wieder. Man mag heute über diese Ängste
schmunzeln, doch man sollte sich dabei vor Augen halten, dass das Verhalten
des menschlichen Organismus bei solchen Geschwindigkeiten schlicht unbekannt war und jeder technologische Schritt nach vorn ein Schritt ins Un-
bekannte ist. Eine Glaskugel für den Blick in die Zukunft haben wir nicht,
nur die nüchterne Abschätzung von Entwicklungen. Daher möchte ich angesichts dieser Geschichte lieber nicht behaupten, die Grenzen zukünftiger
technologischer Fortschritte zu kennen. Wer möchte sich schon blamieren?
Unsere Welt ist durch und durch technologisiert und erlebt eine erstaunliche
Wissensentwicklung. Die Miniaturisierung von Halbleitern, die Nanotech-
nologie, Materialforschung und Gentechnik, um nur eine Auswahl zu benennen, werden von Unternehmen aufgegriffen, um Geld zu verdienen und
den Wohlstand zu erhöhen. Die Veränderung der Welt durch die Informa-
tionstechnik ist wohl nur vergleichbar mit der Revolution durch den Buch-
druck vor über 500 Jahren.

Die Luft- und Raumfahrt ist ein spektakuläres Beispiel. Man stelle sich das
einmal vor: Zwei ausgebildete Drucker mit Namen Wright bauen einen klap-
perigen Flugapparat aus Holz und Stoff, fliegen ein paar Meter, und 70 Jahre
später betreten die Menschen den Mond. Dieser Satz beinhaltet alle entscheidenden Schritte bei dieser Geschichte. Dies sind fliegende Metallapparate,
fauchende Düsentriebwerke, die Luftnavigation, exotische Werkstoffe, Strö-
mungstechnik, und, und, und. In der Luftfahrt wurden alle Entwicklungen entweder von militärischen oder ökonomischen Interessen vorangetrieben. Ganze Industriezweige leben vom Luftverkehr, und die Umsätze gehen
in die Milliarden. In der bemannten Raumfahrt hingegen ist eine Marktka-
pitalisierung wie die spektakulären Flüge von Privatpersonen zur Internationalen Raumstation oder Parabelflüge mit dreiminütiger Schwerelosigkeit
nur eine bizarre Randerscheinung für Millionäre. Ein direkter Gewinn für
die Volkswirtschaft ist nur schwer erkennbar. Anders ist das bei der unbemannten Raumfahrt und hier insbesondere bei der Telekommunikation und
der Navigation. Firmen entwickeln und bauen Nachrichtensatelliten, um
den Datentransfer in Form von Informationen verkaufen zu können. Und
der durch Naviagtionssysteme wie das amerikanische Global Positioning System (GPS) entfaltete Markt erstreckt sich nicht nur auf das „Navi" im Auto,
sondern reicht über die Steuerung von Erntemaschinen bis zur intelligenten
Planung des Güterverkehrs. Hier sind hoheitliche Initiativen des Staates gute
Investitionen.

Diese Investitionen sind aber gleichzeitig das Hauptproblem heutiger Raumfahrtprojekte. Die Kosten der Mondlandung liegen heute

kaufkraftbereinigt bei etwa 120 Milliarden Dollar. Angesichts jüngster Finanzkrisen und der Bestrebungen, diese zu bewältigen, sind Aufwendungen dieser Größenordnung offenbar nicht mehr undenkbar. Das Problem, solche Summen für Raumfahrtprojekte aufzubringen liegt hingegen woanders und man sollte dazu folgendes bedenken: Es ginge bei einem neuen Mondprojekt nicht darum, *Apollo* einfach zu wiederholen (warum sollte man das tun?), sondern mindestens darum, eine dauerhaft besetzte Station zu installieren. Dazu müssten jedoch entsprechend neue Technologien entwickelt werden. Aus vergleichbaren Projekten ist aber bekannt, dass die Kosten komplexer Projekte, bei denen neue Technologien erst noch erfunden werden müssen, noch nie den Prognosen entsprochen haben. Man erinnere sich an die Preisentwicklung beim Space Shuttle und insbesondere bei der Internationalen Raumstation *ISS*. Die bisherigen Preisabschätzungen für neue Mondmissionen sind daher mit großer Wahrscheinlichkeit zu optimistisch. Man muss also auch bei einer Rückkehr zum Mond entsprechende Preisfaktoren aufschlagen und landet dann in ganz anderen Dimensionen als 100 Milliarden Dollar. Man mag nun einwenden, dass die Kosten angesichts internationaler Partnerschaften auf mehrere Nationen und Jahre verteilt werden könnten. Das ist allerdings gar nicht ausschlaggebend. Viel interessanter dürfte die Frage sein, ob Raumfahrtnationen angesichts notorischer Haushaltsdefizite und der daraus resultierenden Wirtschaftskrisen überhaupt bereit und in der Lage sind, Mittel für ein Unternehmen aufzubringen, dessen Notwendigkeit von der Öffentlichkeit angezweifelt und in wissenschaftlichen Kreisen eher abgelehnt wird. So warnte die amerikanische Wissenschaftsgemeinde einhellig vor der Festlegung auf die bemannte Raumfahrt auf Kosten wissenschaftlicher und kostengünstigerer Forschungsmissionen. Und die Deutsche Physikalische Gesellschaft lehnte die bemannte Raumfahrt schon 1990 in einem Memorandum rundweg ab. Die Fokusierung auf unbemannte Missionen hat keinesfalls die nachteiligen Auswirkungen, die uns oft angedroht werden. So ist Deutschland z. B. im Bereich Erdbeobachtung nicht wegen seiner höheren technologisch-wissenschaftlichen Kompetenz weltweit führend, sondern wegen anderer fiskalischer Prioritäten.

Für eine Auswahl dieser Prioritäten empfiehlt sich, genau zu prüfen, ob die Verteidiger teurer Projekte direkt von deren Finanzierung profitieren. Es ist besser, heterogene Expertengruppen für Entscheidungsfindungen zu befragen (z. B. die gesamte Wissenschaftsgemeinde) und nicht einzelne Wissenschaftler oder Firmen, die vom Steuerzahler finanzierte Missionen umsetzen sollen. Bemannte Raumfahrt ist nun einmal extrem teuer und der wissenschaftliche Ertrag erwiesenermaßen bescheiden. Daraus ziehen viele den Schluss, der Staat müsse eben mehr Geld zur Verfügung stellen. Das jedoch impliziert schon eine Entscheidung für die bemannte Raumfahrt und ist für eine neutrale Bewertung ungeeignet. Alle Staaten der Europäischen Raumfahrtagentur *ESA* kämpfen permanent mit erhöhter Staatsverschuldung, und die Finanzierung neuer Raumfahrtprojekte bleibt auch in Zukunft schwierig.

Dazu noch einmal ein Rückblick: Als das *Apollo*-Programm auslief, war es schlicht unmöglich, den ganzen Industrieapparat mit rund 400 000 Arbeitern schlagartig zu stoppen. Die wirtschaftlichen Konsequenzen wären verheerend gewesen. Vielmehr hatte man versucht, die Zahl der Beteiligten langsam herunterzufahren. Man entschied sich also dazu, denjenigen Leuten zu kündigen, die eh schon lange dabei waren. Hört sich logisch und den Jüngeren gegenüber gerecht an, führte aber dazu, dass die erfahrensten Ingenieure vor die Tür gesetzt wurden und die Zahl der Misserfolge drastisch anstieg.

Nach den extrem teuren Mondflügen war der NASA klar, dass die Missionskosten verringert werden mussten (Amerika musste auch noch den Vietnamkrieg bezahlen), und daher wurde die alte Raumgleitertechnologie, wie sie schon Ende der 50er-Jahre mit der *X15* umgesetzt wurde, wiederbelebt. Ursprünglich sollte ein wiederverwendbarer Lastengleiter den jeweiligen Orbiter in große Höhen tragen und nicht ein einmalig nutzbarer Tank mit Feststoffraketen an der Außenseite. Doch das Konzept eines komplett wieder verwendbaren Raumgleiters wurde zu teuer und man musste auf eine sparsamere Kombination ohne Lastengleiter ausweichen. Heraus kam bei den Amerikanern das *Space Shuttle*, das sehr schnell als brilliantes technologisches Wunder verkauft wurde. Diese Behauptung wurde von der Realität eingeholt, als die beiden Shuttles *Challenger* und *Columbia* genau wegen des abgespeckten Designs ohne einen komplett wieder verwendbaren Lastengleiter in zwei Katastrophen verloren gingen. Europa bewertete die Gleitertechnologie zunächst ähnlich positiv wie die Amerikaner und entwarf den Raumgleiter *Hermes* sowie die dazu nötige schwere Lastenrakete *Ariane V*. Ob die Sowjets ihrerseits von der Gleitertechnologie überzeugt waren, ist angesichts des Technologiewettlaufs im Kalten Krieg nicht ganz klar. Jedenfalls entwickelten sie den Raumgleiter *Buran*. Leider wurden die Prognosen bezüglich der Kosten und der Zuverlässigkeit von Raumgleitern niemals eingehalten, und wenn das *Space Shuttle* so brillant konstruiert gewesen wäre, wie es von vielen verkündet wurde, bräuchten wir uns keine Sorgen um neue Trägerkonzepte machen[57]. Die Messlatte für neue Techniken kann nur deren Funktionsfähigkeit und Effizienz sein. Daher sind die Raumfähren eben nicht brilliant, sondern kompliziert. Mit einem Gesamtpreis aller Entwicklungen und

---

[57] Das *Space Shuttle* benötigt Feststoffraketen für den Start, die prinzipiell nicht abschaltbar sind und daher als hochriskant gelten. Schon in der Planungsphase des *Shuttle* warnten die Militärs die NASA, dass sie nach ihrer Erfahrung mit zwei katastrophalen Ausfällen bei einhundert Starts rechnen sollten. Diese Zahl hatte sich dann ziemlich genau bewahrheitet.

Abb. 16.2: Künstlerische Darstellung des Raumgleiters *Hermes*. Foto: DLR.

Missionen von rund 175 Milliarden Dollar bis zur Außerdienststellung 2011 und den sich daraus ergebenden Kosten pro Mission von etwa 1,3 Milliarden Dollar sind sie entgegen aller Prognosen auch sehr teuer. Ähnliche Erfahrungen mit komplexen und daher teuren Systemen haben auch die Sowjets mit

Buran und die Europäer mit *Hermes* gemacht und es ist nicht zu erwarten, dass sich daran etwas ändern wird. *Buran* jedenfalls flog 1988 unbemannt nur ein einziges Mal, und die Entwicklung von *Hermes* wurde 1993 gestoppt. Da die Gleitertechnologie keines ihrer Versprechen halten konnte (niedrige Kosten, wöchentliche Einsätze, Sicherheit) wird nun wieder auf die normale Raketentechnologie gesetzt, und Privatunternehmen kommen heute ins Spiel. Damit ist das Hauptargument für das *Shuttle* (man träumte 1972 von rund 20 Millionen Dollar pro Start und landete dann beim rund 50fachen Preis!) obsolet und bemannte Raumflüge bleiben extrem teuer[58]. Im Laufe der Jahre wurden jedenfalls sämtliche Gleiterkonzepte verworfen.

Wenn man seine Skepsis zur bemannten Raumfahrt gesteht, wird einem immer wieder vorgehalten, das wir ohne Visionen nie dort gelandet wären, wo wir heute stehen. Das mag sein, doch eine solche These lässt sich leider nicht prüfen und bleibt daher Spekulation. Sicher ist hingegen, dass wir zwar außerordentliche Technologien entwickeln konnten, doch viele andere eben auch nicht. Es hilft nicht, nur die technologischen Erfolge der letzten hundert Jahre heranzuziehen. Die Propheten einer geradlinigen Technikentwicklung erwähnen ungern all die Erwartungen, die sich nie bewahrheitet haben. Eine blühende Zukunft, wie man sie uns mit fliegenden Autos für jedermann und Städten im Erdorbit angekündigt hatte, ist jedenfalls nicht eingetreten. Stattdessen plagen wir uns mit hausgemachten Problemen herum, die vor 50 Jahren nicht einmal erahnt wurden und deren Lösung wohl die wahre Herausforderung für die Menschheit ist. Dazu gehört neben dem Bevölkerungswachstum überraschenderweise das von den Beschwörern einer Marskolonisierung propagierte „Terraforming", also die Umgestaltung einer ganzen planetaren Umgebung. Das Terraforming von dem ich spreche, findet allerdings auf unserer Erde statt, und es ist nicht einmal ansatzweise klar, welche Auswirkungen neben der Polschmelze zu erwarten sind.

Alle Überlegungen zu bemannten Missionen im erdfernen Raum vom Mond bis zu den Planeten sind bis heute spekulativ. Wer anderes behauptet, ist mit den technischen, ökonomischen und politischen Randbedingungen nicht vertraut. Vor wenigen Jahren verbreiteten verschiedene Lobbygruppen in den USA die Chance auf eine Mondumrundung im Jahr 2017, einer Landung in 2018 und einer Mondstation in 2019. Wenn solche Planungs- und Entwicklungszeiten verbreitet werden, ist Skepsis angebracht. Angesichts typischer Zeithorizonte in der Raumfahrtindustrie sowie den gemachten Erfahrungen mit schon aufgegebenen Projekten sind die Erwartungen, wie sie

---

[58] Im April 1971 legten die Firmen North American Rockwell und General Dynamics für ihr Shuttle-Design mit einem wiederverwendbaren Lastengleiter plus Orbiter (!) eine Kalkulation vor, die von 450 Flügen bis 1988 ausging. Der Gesamtpreis für Entwicklung plus Betrieb sollte zehn Milliarden US-Dollar nicht übersteigen.

dort propagiert werden, schlicht unseriös. Im Programm des amerikanischen Präsidenten Barack Obama war das von der Vorgängeradministration aufgelegte Mondprogramm schon nicht mehr zu finden, und der Schwerpunkt wurde auf Missionen im Erdorbit gelegt. Erfahrene Raumfahrtmanager in den großen Raumfahrtagenturen sehen eine bemannte Mondlandung, wenn überhaupt, keinesfalls vor 2050.

Gründe, wieder zum Mond zu fliegen, werden in allen Varianten vorgebracht. Sie hängen davon ab, welche Gruppe diese vorschlagen. Die Astronomen wollen ein Radioteleskop aufbauen, Geologen wollen den Boden untersuchen, und die Industrie sieht den Mond als notwendige Zwischenstation für weiterreichende Missionen ins Sonnensystem. Ein Dauerbrenner ist der Abbau von Helium-3, das von der Sonne kommt und sich im Mondgestein abgelagert hat. Man erhofft sich damit eine Brennstoffquelle für Fusionsreaktoren, die unsere Energieprobleme ein für allemal lösen sollen. Wie lunares Helium-3 technisch überhaupt abgebaut werden könnte und was der industrielle Abbau überhaupt kosten wird, wird dabei nicht angesprochen. Ersteres ist unbekannt und Letzteres entpuppt sich als finanzieller Irrsinn. Stattdessen verweist man auf einen angeblich gesteigerten Energiebedarf und blendet wiederum aus, dass die dazu nötigen Kraftwerke nicht einmal am technologischen Horizont sichtbar werden[59]. Wer so spekuliert, vergisst einen entscheidenden Mechanismus der Marktwirtschaft. Produkte, die sich nicht rechnen, werden nicht entwickelt. Dass Kernkraftwerke, der Transrapid und die Raumfahrt überhaupt existieren, liegt daran, dass der Steuerzahler für die Risiken und zusätzlichen Kosten aufkommt. Ich finde, dass er damit einen Anspruch auf seriöse Fakten hat. Wenn man hingegen mit wundervollen Versprechungen kommt, die dann nicht eingehalten werden können, darf man sich nicht wundern, wenn sich die Öffentlichkeit skeptisch zeigt. Rechnen wir einmal nach: Um ein Kilogramm Nutzlast in eine Erdumlaufbahn zu transportieren (wir reden über die bemannte Raumfahrt), zahlen wir heute grob geschätzt rund 50 000 Dollar. Setzen wir diesen Preis großzügig für den Transport eine Kilos vom Mond zur Erde an (es ist natürlich deutlich teurer), so kommen wir in Größenordnungen, die sich als Irrsinn für einen Erztransport entlarven – Gold ist billiger. Um gewinnbringenden Bergbau auf dem

---

[59] Die Notwendigkeit neuer Mondflüge mit neuen Energieträgern wie Helium-3 zu begründen, ist spekulativ und für eine Analyse ungeeignet. Es gibt umfangreiche Untersuchungen von kompetenten Wissenschaftlern, die das Gegenteil belegen (z. B. der Bericht *Faktor Vier* von Ernst Ulrich von Weizsäcker, Amory Lovins und Hunter Lovins an den Club of Rome) und die einen signifikanten Mehrbedarf an Energie (wir reden hier von langen Zeiträumen) durchaus in Frage stellen. Die Debatte zur Energieeinsparung schneide ich hier nicht gesondert an. Ein netter Scherz über die Fusionstechnologie ist die sogenannte „Fusionskonstante". Ihr Wert: etwa 40 Jahre. So lange wird es nach Aussage der Ingenieure bis zu einem funktionierenden Reaktor noch dauern. Die Zahl ist seit den 50er-Jahren des letzten Jahrhunderts konstant geblieben.

Mond zu betreiben, müsste der Boden dort knöcheltief mit Diamanten belegt sein.

Wir sehen, dass nicht nur komplexe technologische Entwicklungen viele Jahre brauchen, sondern ebenso die Entscheidungsfindung, wie sich Gesellschaften eine zukünftige Welt vorstellen. Und auf diese Entscheidungsfindung wirken nicht nur technische Aspekte, sondern insbesondere ökonomische, soziale und ökologische Fragen, die von den Menschen selbst beantwortet werden müssen und somit umfangreiche Erörterungen in der Öffentlichkeit voraussetzen[60]. Und angesichts der heutigen Menscheitsprobleme geht es dabei eventuell um unsere Existenz. Wenn man das Thema bemannte Raumfahrt anschneidet, tut man gut daran, alle Fakten zu beleuchten, die darauf potenziell einwirken, und Leute nach den Realisierungschancen zu fragen, die täglich in diesem Bereich arbeiten. Tut man das nicht, neigt man schnell dazu, sich selbst zu belügen. Der wissenschaftlichökonomische Gewinn der bemannten Raumfahrt bleibt zumindest zweifelhaft. Die Kosten für den wissenschaftlichen Ertrag sind außerordentlich, und eine industrielle Massenproduktion im Weltall ist auch in weiterer Zukunft eine Illusion. Da ist der immer wiederkehrende Hinweis auf den „uralten Menschheitstraum" schon ehrlicher, doch ob dieser Traum angesichts heutiger finanzieller und sozialer Probleme noch durchführbar ist, wird sich zeigen müssen. Die menschliche Rasse vom Homo erectus bis zum Homo sapiens musste zum Überleben hunderttausende von Jahren neue Lebensräume erschließen und sich immer wieder auf Entdeckungsreisen entlang der Küsten oder ins Landesinnere begeben. Nur so konnte er in tausenden von Generationen die ganze Erde besiedeln. Der Mensch ist also aus entwicklungsgeschichtlicher Sicht ein Entdecker. Aus soziologischer Sicht wäre es daher durchaus interessant, der Frage nachzugehen, wie wir dieses Urverhalten in einer vollkommen entdeckten, erschlossenen, ja vernetzten Welt kompensieren können, wenn uns der offensichtlich nächste Schritt ins Weltall aus physikalischen und finanziellen Gründen verschlossen bleibt. Man mag auch hier einwenden, dass die nächsten Schritte der Menschheit nicht vorhersagbar sind. Dem stimme ich zu. Doch das „Entdeckerproblem" wird so oder so relevant werden. Angesichts der unvorstellbaren und unüberbrückbaren Distanzen zu den Sternen hat der Mensch spätestens mit der „Erschließung des Sonnensystems" seine ultimativen Grenzen erreicht. Ein Flug zum nächsten Stern *Proxima Centauri* würde mit heutigen Antrieben jedenfalls rund 50 000 Jahre dauern.

---

[60] Offenbar leben die Industriestaaten deutlich über ihre Verhältnisse und bilden mittlerweile finanzielle „Rettungsschirme" für ganze Volkswirtschaften. Die öffentlichen Schulden z. B. der USA übertreffen deutlich die Kosten einer Marsmission und man sollte nicht mehr von „astronomischen", sondern von „ökonomischen" Summen sprechen.

Abb. 16.3: *Fallen Astronaut* ist das einzige Kunstwerk auf dem Mond. Es wurde von dem belgischen Künstler Paul Van Hoeydonck geschaffen und von den *Apollo-15*-Astronauten dort zurückgelassen. Es zeigt einen Astronauten im Raumanzug. Die von der NASA erstellte Plakette listet alle Raumfahrer, die bis dahin im aktiven Dienst gestorben sind. Foto: NASA. Nr.: AS15-88-11894.

Wie bei der «Mondlandungslüge» kommen auch hier wieder die soge-nannten Multiplikatoren ins Spiel, also die öffentliche Meinung, vertreten durch die Medien. Es ist auch hier ihre Aufgabe als vierte Gewalt, verschie-dene Positionen zu bündeln und kritisch zu analysieren, damit sich die Le-ser, Zuhörer oder Zuschauer ein Urteil bilden können. Diese Aufgabe wird jedoch zugunsten marktwirtschaftlicher Zwänge oft vernachlässigt – Zei-tungen und Privatsender sind gewinnorientierte Unternehmen und spekta-kuläre Nachrichten verkaufen sich eben besser. Und so passiert es, dass eine simulierte Marsmission, bei der sich einige Probanden für 500 Tage in einen Wohncontainer sperren lassen, weitaus mehr Aufmerksamkeit erhält, als seriöse und erfolgreiche Sondenmissionen zu den Planeten[61].

Um nicht falsch verstanden zu werden: Im Vergleich zu anderen Problemen unserer Zeit ist die bemannte Raumfahrt sicher nicht entscheidend. Die irrwitzigen Ausgaben für Waffen oder auch Finanzkrisen sind in ihrer Obszönität gegenüber der Armut in der Welt kaum zu übertreffen. Doch es geht mir in meinen Betrachtungen nicht darum, einzelne Probleme der Menschheit gegeneinander zu bewerten, sondern darum, in allen Fällen eine Diskussionskultur zu fördern, die diesem Namen auch gerecht wird. Es hilft wenig, seinen eigenen Fachbereich nachsichtig zu behandeln und Probleme nur woanders zu verorten. Ich arbeite selbst im Management von Raumfahrtprojekten, und mir sind der finanzielle Umfang, die technologischen Randbedingungen sowie die entsprechenden Risiken bei der bemannten Raumfahrt gut bewusst. Forderungen nach bemannten Missionen, die viel mehr Möglichkeiten suggerieren als in der Realität umsetzbar sind, sehe ich kritisch. Wir müssen den Steuerzahler von der Notwendigkeit der unbemannten Raumfahrt als Technologieträger und zur Erleichterung unsere Lebens immer wieder überzeugen. Dies sind heute insbesondere die Telekommunikation, Navigation und die Erdbeobachtung, aus wissenschaftlicher und kultureller Sicht (Forschung ist Kultur) aber auch Robotermissionen zu den Planeten und Teleskope für die Astronomie in der Erdumlaufbahn. Da dies nachvollziehbar und nachhaltig geschehen muss, können wir uns Phantastereien über den Menschen in den Tiefen des Alls auf Dauer nicht erlauben, und wir würden uns durch die Verbreitung übertriebener Erwartungen selbst schaden. Stattdessen sind, wie bei der Frage nach der Mondlandungslüge, eine kritische Analyse und offene Diskussionen nötig, die gerade dem Laien Mittel zur Verfügung stellen, die zur Meinungsbildung geeignet sind.

---

[61] Der Luft- und Raumfahrtingenieur Michael Khan hat das in einem seiner Blogs sehr treffend analysiert. Er verweist zu Recht darauf, dass Sandkastenspiele auf der Erde in keinster Weise die realen Risiken einer bemannten interplanetaren Reise abbilden können. Sein Diskussionsbeitrag findet sich unter http://www.scilogs.de/kosmo/blog/go-for-launch/allgemein/2011-11-11/mars500-ausser-spesen-nix-gewesen.

17

Anhang A – Apollo-Zeichnungen

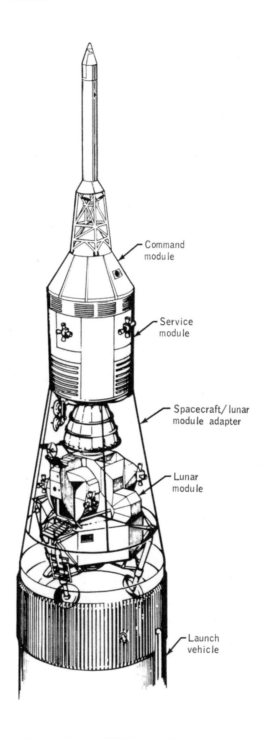

Abb. A.1: *Apollo*-Startkonfiguration. NASA/Apollo Program Summary Report (April 1975).

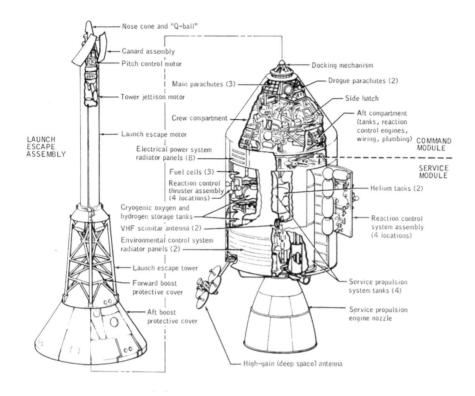

Abb. A.2: *Apollo* Kommando- und Service-Module (*Command and Service Modules*) mit Rettungsturm (Launch Escape System). NASA/Apollo Program Summary Report (April 1975).

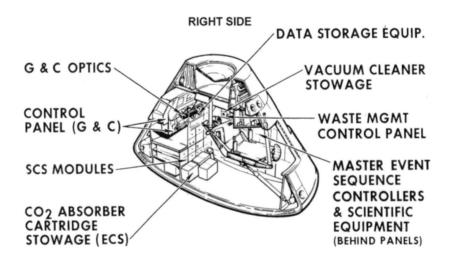

LEFT SIDE

CABIN HEAT EXCHANGER SHUTTER (ECS)

PRESSURE SUIT CONNECTORS (3) (ECS)

CABIN PRESSURE RELIEF VALVE CONTROLS (ECS)

OXYGEN SURGE TANK (ECS)

WATER / GLYCOL CONTROL VALVES (ECS)

ECS PACKAGE

OXYGEN CONT PANEL

CABIN TEMP CONTROL PANEL (ECS)

POTABLE WATER SUPPLY PANEL (ECS)

GMT CLOCK & EVENT TIMERS

CONTROL PANEL (G & C)

RATE & ATTITUDE GYRO ASSEMBLY (SCS)

POWER SERVO ASSEMBLY (G & C)

COMMAND MODULE COMPUTER (G & C)

SCS MODULES

CO_2 ABSORBER CARTRIDGE STOWAGE (ECS)

RIGHT SIDE

DATA STORAGE EQUIP.

G & C OPTICS

VACUUM CLEANER STOWAGE

CONTROL PANEL (G & C)

WASTE MGMT CONTROL PANEL

SCS MODULES

MASTER EVENT SEQUENCE CONTROLLERS & SCIENTIFIC EQUIPMENT (BEHIND PANELS)

CO_2 ABSORBER CARTRIDGE STOWAGE (ECS)

Abb. A.3: Das Innere des Kommando-Moduls. NASA/Apollo Training Manual *Apollo Spacecraft & Systems Familiarization* (März, 1968).

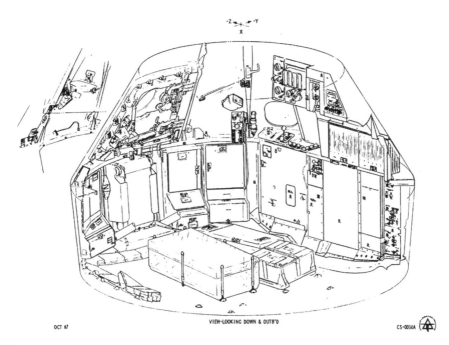

Abb. A.4: Das Innere des Kommando-Moduls. NASA/Apollo Training Manual *Apollo Spacecraft & Systems Familiarization* (März, 1968).

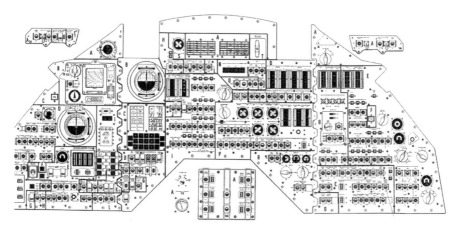

Abb. A.5: Steuereinheit des Kommando-Moduls. NASA/Apollo Operations Handbook Block II *Spacecraft* (Oktober 1969).

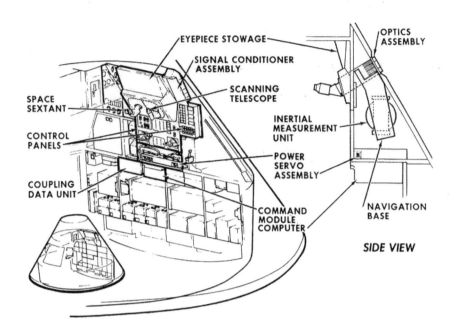

Abb. A.6: Navigations- und Kontrollsysteme. NASA/Apollo Training Manual *Apollo Spacecraft & Systems Familiarization* (März, 1968).

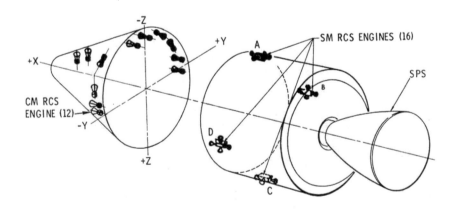

Abb. A.7: Positionierungen der Antriebseinheiten am Kommando- und Service-moduls. NASA/Apollo Training Manual *Apollo Spacecraft & Systems Familiarization* (März, 1968).

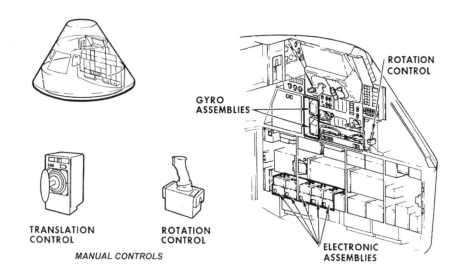

Abb. A.8: Stabilisierungs- und Kontrollsystem. NASA/Apollo Training Manual *Apollo Spacecraft & Systems Familiarization* (März, 1968).

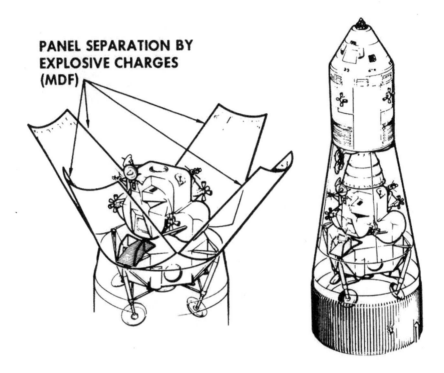

Abb. A.9: Adapter für Apollo-Raumschiff und Mondlandefähre. NASA/Apollo Training Manual *Apollo Spacecraft & Systems Familiarization* (März, 1968).

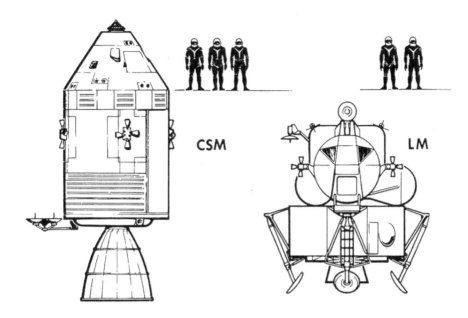

Abb. A.10: Vergleich von Kommando-/Servicemodul und Mondlandemodul. NASA/Apollo Training Manual *Apollo Spacecraft & Systems Familiarization* (März, 1968).

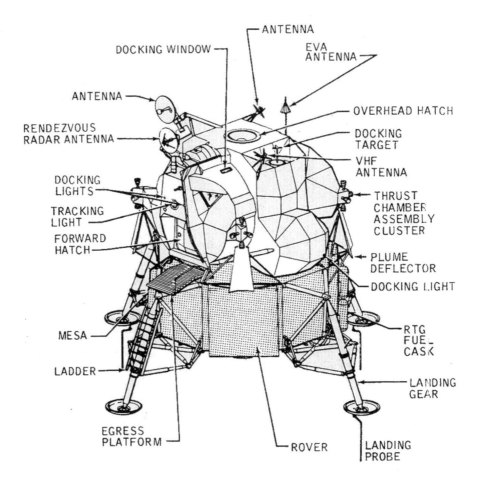

Abb. A.11: Außenansicht der Mondlandefähre. NASA/Apollo Program Press Information Notebook (1972).

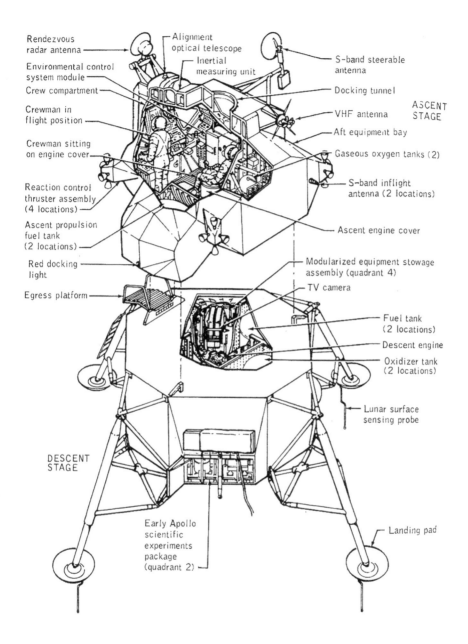

Abb. A.12: Landekonfiguration der Mondlandefähre. NASA/Apollo Program Summary Report (April 1975).

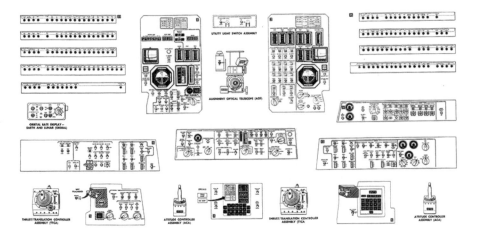

Abb. A.13:   Kontrolleinheit der Mondlandefähre. NASA/Apollo Spacecraft News Reference.

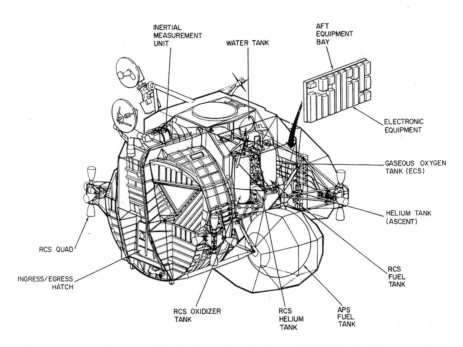

Abb. A.15:   Aufstiegsstufe der Mondlandefähre. NASA/Apollo Program Press Information Notebook (1972).

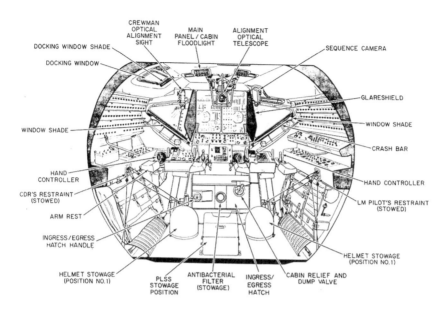

Abb. A.14: Aufstiegsstufe der Mondlandefähre. Innenansicht nach vorn. NASA/ Apollo Program Press Information Notebook (1972).

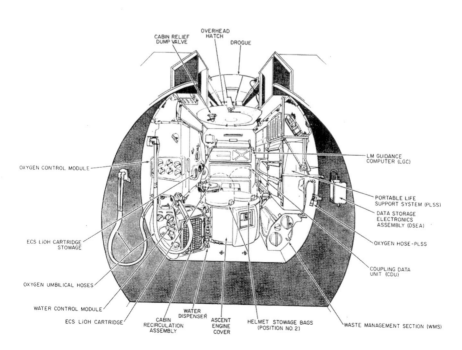

Abb. A.16: Aufstiegsstufe der Mondlandefähre. Innenansicht nach hinten. NASA/Apollo Program Press Information Notebook (1972).

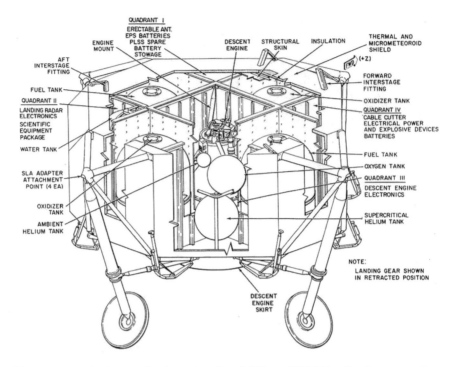

Abb. A.17: Abstiegsstufe der Mondlandefähre. NASA/Apollo Program Press Information Notebook (1972).

18

Anhang B – Die Astronauten der Mondlandemissionen

Abb. B.1:   Portrait der Mannschaft von Apollo 11. Neil A. Armstrong (Komman-
dant), Michael Collins (Pilot des Kommandomoduls) und Edwin (Buzz) E. Aldrin
Jr. (Pilot der Mondlandefähre). Am 20. Juli 1969 landete die Mondfähre *Eagle* im
Mare Tranquillitatis. Foto: NASA. Nr.: S69-31739.

Abb. B.2: Portrait der Mannschaft von Apollo 12. Charles (Pete) Conrad Jr. (Kommandant), Richard F. Gordon Jr. (Pilot des Kommandomoduls) und Alan L. Bean (Pilot der Mondlandefähre). Die Mondfähre *Intrepid* landete nur wenige hundert Meter neben der unbemannten Mondsonde *Surveyor III*, die 1967 dort landete. Foto: NASA. Nr.: S69-38852.

Abb. B.3: Portrait der Mannschaft von Apollo 13. James A. Lovell Jr. (Kommandant), John L. Swigert Jr. (Pilot des Kommandomoduls) und Fred W. Haise Jr. (Pilot der Mondlandefähre). Eine Mondlandung konnte nicht durchgeführt werden, weil auf dem Hinflug zum Mond ein Versorgungstank im Servicemodul explodierte. Die Mannschaft wurde sicher zur Erde zurückgebracht. Foto: NASA. Nr.: S70-36485.

Abb. B.4: Portrait der Mannschaft von *Apollo 14*. Stuart A. Roosa (Pilot des Kommandomoduls), Alan B. Shepard Jr. (Kommandant) und Edgar D. Mitchell (Pilot der Mondlandefähre). Foto: NASA. Nr.: S70-55387.

Abb. B.5: Portrait der Mannschaft von *Apollo 15*. David R. Scott (Kommandant), Alfred M. Worden (Pilot des Kommandomoduls) und James B. Irwin (Pilot der Mondlandefähre). Foto: NASA. Nr.: S71-37963.

Abb. B.6: Portrait der Mannschaft von *Apollo 16*. Thomas K. Mattingly II (Pilot des Kommandomoduls), John W. Young (Kommandant) und Charles M. Duke Jr. (Pilot der Mondlandefähre). Foto: NASA. Nr.: S72-16660.

Abb. B.7: Portrait der Mannschaft von *Apollo 17*. Harrison H. Schmitt (Pilot der Mondlandefähre), Eugene A. Cernan (Kommandant, sitzend) und Ronald E. Evans (Pilot des Kommandomoduls). Foto: NASA. Nr.: S72-50438.

Printed in the United States
By Bookmasters